摆脱匆忙症

钉子心理互助组 / 著

图书在版编目（CIP）数据

摆脱匆忙症 / 钉子心理互助组著. — 北京：北京联合出版公司, 2021.8

ISBN 978-7-5596-5407-6

Ⅰ. ①摆⋯ Ⅱ. ①钉⋯ Ⅲ. ①心理学—通俗读物 Ⅳ. ①B84-49

中国版本图书馆CIP数据核字(2021)第131531号

摆脱匆忙症

著　　者：钉子心理互助组
出 品 人：赵红仕
责任编辑：夏应鹏
封面设计：WONDERLAND Book design
　　　　　仙境 QQ:344581934
装帧设计：季　群　涂依一

北京联合出版公司出版
（北京市西城区德外大街83号楼9层　100088）
北京联合天畅文化传播公司发行
北京中科印刷有限公司印刷　新华书店经销
字数160千字　640毫米×960毫米　1/16　13印张
2021年8月第1版　2021年8月第1次印刷
ISBN 978-7-5596-5407-6
定价：36.00元

版权所有，侵权必究
未经许可，不得以任何方式复制或抄袭本书部分或全部内容
本书若有质量问题，请与本公司图书销售中心联系调换。
电话：（010）64258472—800

序言

匆忙症的危害罄竹难书，天下苦之久矣

就在本书快要完稿的时候，发生了一件怪事，我在地库倒车，居然被一辆车撞上了，那概率实在是太小了。

交警赶来后也纳闷："偌大的停车场，就你们两辆车，怎么会撞在一起呢？"

细细想来，我在倒车时正忙着想书稿的事情，分了心，走了神，而对方也正心急火燎赶去赴约。结果两辆不相干的车，却因为同样的匆忙，"砰"的一声撞在了一起。

日本著名企业家稻盛和夫说："心不唤物，物不至。"很多怪事、坏事、麻烦事、小概率之事，之所以发生，都是匆忙之心召唤来的。

在瞬息万变的今天，匆忙无所不在。我们边打电话边开车，恨不能同时完成几件事情；我们害怕被"out（淘汰）"，每件事都争分夺秒；我们担心错过什么，不停地看微信、刷抖音……就像歌手郝云唱的那样："慌慌张张，匆匆忙忙，为何生活总是这样。"

忙，并不是一件坏事，说明有事可做，能让人感到充实。但是，当一个人忙得来不及思考，晕头转向，看不清现实的时候，这种令人眩晕的忙，就变成了一种病，即本书所讨论的"匆忙症"。

无论是开车，还是做其他事，人在一定时间内，能做的事情毕竟是有限的，但是，当人们急切地想要在较短的时间内做完更多的事情时，内心就会扭曲，动作就会变形。

匆忙症有一个最显著的特点，是反应快，但这种快，不是聪明，而是一种思维奔逸，飘浮不定，总是从一个念头转换到另一个念头，在过去与未来之间闪回，而不能抓住此时此刻。这是生命脱离当下的空转，是在还没弄清楚事情的来龙去脉时，就急忙采取行动。

还记得那次抢盐风波吗？

很多年前，日本发生了一次里氏9级大地震，福岛核电站发生泄漏，而我国则发生了一场疯狂的抢盐闹剧。起因是网上的两条谣言：一、吃碘盐可以防辐射；二、海盐会被污染。一夜之间，全国多地的超市食盐被抢购一空。有人居然一下子买了13000斤盐，估计几辈子也吃不完。虽然抢盐风波很快就过去了，但匆忙症所表现出来的盲从性却从未消失。

匆忙症的危害罄竹难书，天下苦之久矣——

它让我们成为舆论、谣言、时尚，以及各种潮流的奴隶。

它让我们活得像一个高速旋转的陀螺，神经绷得很紧，甚至歇斯底里。

它让我们的身体承受着巨大的压力，血压飙升，心脏不堪重负，极度疲惫。

它让我们淹没在具体的事务中，忽视了生命宏大的意义。

它让我们的心灵失去活力，变得僵化、死板、麻木不仁，犹如一架冰冷的机器，而一个像机器一样工作的人，终将被机器取代。

它让我们丧失了同情心、共情力，以及对生命的敬畏，把人变成了一个个没有灵魂的"僵尸"。

…………

患上匆忙症的人，无论做任何事，在任何层次上，都是一团混乱的。作为钉子心理互助组的成员，我本人深受匆忙症的困扰，也知道匆忙症是心理出现了霉变，如果不彻底消除，长期处在紧张、焦虑、疲倦和身不由己的状态中，无疑会影响工作效率和幸福指数，阻碍心灵的成长和心智的成熟。

美国作家梭罗说："我愿意深深地扎入生活，吮尽生活的骨髓，过得扎实、简单，把一切不属于生活的内容剔除得干净利落……"

愿我们都能像钉子一样，深入生活，深入内心，剔除焦虑、虚荣和烦琐，从这世界获得最扎实的存在。

涂道坤

目 录

第1章　匆忙症的危害：持续的匆忙让身心俱损

匆忙比拖延更可怕　　　　　　　　　　　　002
匆忙症让精神和身体都遭受摧残　　　　　　010
匆忙症容易让人摊上倒霉的事情　　　　　　015
如何确定自己是否患上匆忙症　　　　　　　034

第2章　匆忙症的模式：让人沦为机器的做事模式

做事模式与做人模式　　　　　　　　　　　038
人们匆忙于追逐快乐，逃避痛苦　　　　　　046
匆忙症患者：屏蔽右脑思考，逼迫左脑思考　051

匆忙症患者无法平衡左右脑的思维能力　　　　　　057

第3章　匆忙症的心结：不是真忙，而是掩饰空虚

匆忙者一事无成，真忙者慢慢实现目标　　　　　　076
真忙是思维专一，匆忙是思维劈腿　　　　　　　　083
匆忙是疲于应付，真忙是努力创造　　　　　　　　091
匆忙是空虚，真忙是充实　　　　　　　　　　　　096
匆忙漂浮在表层，真忙能触及本质　　　　　　　　099

第4章　匆忙症的根源：内心的焦虑与灾难性想法

匆忙症类似强迫症，充满侵入性的念头　　　　　　104
焦虑是匆忙症的驱动力　　　　　　　　　　　　　110
匆忙症是综合征，让工作和生活变成一团乱麻　　　114
灾难性的想法引发匆忙　　　　　　　　　　　　　121
匆忙症患者渴望安全与确定　　　　　　　　　　　131
匆忙症患者大多有失眠症　　　　　　　　　　　　134

第5章　匆忙症的顽疾：匆忙神经元结成根深蒂固的网络

匆忙症患者自动默认周边有危险　　　　　　　　　140
匆忙症患者的脑中负责恐惧的神经元非常强大　　　147

部分神经元很活跃，让匆忙的人更匆忙　　152
匆忙症患者容易陷入比较的陷阱　　155

第6章　匆忙症的终结：清除认知粘连，彻底摆脱匆忙症

匆忙症患者通常会出现认知粘连现象　　160
清除认知粘连，才能清除匆忙症　　169
升级生命操作系统，用"婴儿"境界消融匆忙症　　175
通过自我觉察，摆脱匆忙症　　181
关联内心，叫醒自己，摆脱匆忙症　　186
由内而外击碎匆忙症，让真我重新绽放　　191

第1章

**匆忙症的危害：
持续的匆忙让身心俱损**

匆忙比拖延更可怕

张丹的"最后期限"

清晨,温暖的阳光透进窗户,照在张丹憔悴的面庞上,原本青春活力的她,现在却不愿起床,也不愿吃饭。这一切都缘于公司安排的一次年度体检。

女职员张丹体检后,迟迟没有去取体检报告。她一直拖延,医院打了几次电话催促她,她都找各种各样的借口一拖再拖,诸如"最近很忙""没有时间""正在国外出差,还没有回来"。

其实,张丹就待在家中,既没有出国,也不忙。她之所以拖延不去取体检报告,最主要的原因是害怕。她害怕看见体检报告上写着"××癌症"等字样,或者其他令人难以承受的疾病。因此,她选择躲避自己该做的事。

直到有一天,医院来电话告诉她:"你如果再不来取体检报告,报告就会自动消除。一切后果自负!"

张丹虽然害怕看到不好的体检报告，但是更害怕承担后果。她这才怀着忐忑不安的心情去取报告。结果报告显示：张丹身体相当健康，什么疾病都没有！

如果没有医院的这通电话，给张丹制造出了最后期限（deadline），还不知道她要拖到什么时候去。

故事中的张丹，可能并没有意识到自己在拖延领取体检报告。因为很多事情没有设计最后期限，所以人们可以肆无忌惮地拖延下去。

大脑里的"船长、猴子与恐慌兽"

拖延症是怎么产生的呢？在TED（技术、娱乐、设计）大会上，有一场关于拖延症的演讲，阐述了大脑里的"船长、猴子与恐慌兽"的关系。

实际上，我们的大脑是有能力做出理智的判断的，它能告诉我们事情的轻重缓急，也能合理安排各类待办项目的完成时间，综合已知的所有信息，做出适合我们的最优规划，掌管这个能力的是一个正直、明事理的"船长"。大脑里一般的角色，只要听从"船长"的命令，就能按部就班完成所有任务，无须体验拖延带来的焦虑感、负罪感和自我否定。

但同时，我们的大脑中还有一只活泼好动的猴子，它叫作"及时行乐猴"，它最大的乐趣就是抢着去掌舵。比如，我们有一个月的时间去完成某件事，老船长告诉我们现在开始动手刚刚好，每天一个小时就能轻松搞定，但是猴子偏要跑出来说："查一下香蕉的营养成分，我好想知道。""哦，还有，黑天鹅事件到底是怎么回事？""再去看看冰箱里还有什么吃的，会不会和 10 分钟前不一样了？"

只要这只猴子一出现，就会去抢舵，老船长拿这只讲不通道理的猴子毫无办法，我们就这样跟着猴子的指令浪费掉了一天又一天。

这只猴子只能感受到当下，没有过去和未来的概念，它的存在只为两件事：简单、快乐。虽说并不是所有简单快乐的事都没有意义，但是猴子掌舵毕竟不是长久之计，要面对的问题也并不会自行消失。老船长自己跟它讲不通，唯有等待它唯一惧怕的"恐慌兽"出现。恐慌兽虽然能帮老船长赶走猴子，重新掌舵，但它常年休眠，只有最后期限才能够将其唤醒。恐慌兽的出现也就代表我们不得不去做的时候到了。

老船长、及时行乐猴和恐慌兽之间的明争暗斗就是拖延症患者脑袋里的日常了。这似乎能解释最后期限促进生产力的现象了。如果你大脑里的恐慌兽不苏醒的话，你就会被那只猴子控制，过着貌似"简单、快乐的生活"，其实是在为拖延做事找借口。

大脑里的猴子掌舵，架空船长，拖延不可避免。在讲明了拖延症产生的原因之后，我们再来说说匆忙症产生的原因及危害。

患上匆忙症的陈霞

42 岁的陈霞是一家会计师事务所的资深会计师，她每天都在拼命地为公司工作，从早到晚，一刻不停，每一分钟都被她安排得满满当当。

她对心理咨询师说："每当自己对工作稍有一丝倦怠之时，便会心生内疚，甚至羞愧。"

也许，大多数人会认为陈霞的工作一定很有成效，也一定会受到老板的赏识和重用。但糟糕的是，老板对她的评价很低。

"你觉得陈霞工作表现怎样？"咨询师问陈霞的老板。

"她呀，每天都风风火火，很忙，却忙不到点子上。"她的老板回答。

"此话怎讲？"

"这样给你说吧，比如其他会计师在处理一个问题时，会用一个小时仔细思考问题，想清楚后，只需要半个小时就把问题解决了，而陈霞没等把问题弄清楚，就会匆忙采取行动，结果手忙脚乱了三个小时也解决不了问题，还会经常抱怨工作任务太重，公司要求得太严格。实话实说，与她共事并不是一件愉快的事情。"

陈霞事必躬亲，经常加班，总感觉自己有做不完的事情。有同事说，她的每根神经都绷得很紧，容易激动，常常发火，一点就着；还有同事说，陈霞的脑子反应很快，总是从一件事情快速跳到另一件事情上，手上做着一件事情，脑子里却想着另一件事情，不能在一件事情上停留太多的时间。

上述故事中的陈霞，她大脑里的"恐慌兽"虽然赶走了"及时行乐猴"，却也架空了"船长"，自己掌起了舵。"恐慌兽"无法把精力集中在当下，它要么停留在过去的伤害和教训中——"不要忘记上次吃的亏""还记得那次的教训吗""不能再犯过去的错误了"；要么对未来忧心忡忡——"如果我不能按时完成工作，一定会被老板批评的""天呀，如果我被炒了鱿鱼，该怎么办"。"恐慌兽"掌舵，"船长"靠边站，而那只"及时行乐猴"，也不知被吓得躲到什么地方去了。在"恐慌兽"的驾驶下，大脑无法理智地做出判断，无法统筹安排各项事情，以至于不断提前"最后期限"，在每件事上都表现得紧张、仓促、手忙脚乱。这便是匆忙症产生的原因。

李芳的时间荒

李芳，名牌大学毕业生，结婚生孩子之后，她放弃了工作，做了全职太太。她原本以为可以清闲了，没想到，她却更忙了，一天到晚围着厨房转，围着孩子转，围着家人转，时刻与柴米油盐酱醋茶为伍，觉得时间不够用，闹时间荒。

结果，忙了几年的时间，她把自己磨成灰头土脸的家庭主妇，老公不待见她，孩子也不听她的话，而她自己则经常被气得崩溃。

李芳去找老公沟通："你能不能早点回家，多陪陪孩子。"

老公生气地说："我回家带孩子，那要你来干吗？整天就知道瞎忙，连个孩子都带不好，你还能干啥？家里搞成这样，简直是活该。"

李芳委屈地流下了眼泪，老公根本不理解她的辛苦，还埋怨她无理取闹。李芳这几年的忙碌，却换来了一句"活该"。

李芳成为全职太太之后，本就有些担心。她担心老公责怪她管不好家，害怕自己带不好孩子。这些担心和害怕萦绕在心中，使她没法冷静下来认真思考事情的本质。她浮在事情的表面，仿佛一片落叶，被焦虑的风吹来吹去，天天忙忙碌碌，累得要死，结果累垮了自己、磨掉了青春，婚姻关系也岌岌可危。

托尼·帕尔默是一位电影导演兼作家，他的作品曾获得过40多项国际大奖，其中有12项纽约国际电影节金奖，以及多项英国电影学院奖和艾美奖。他说："匆忙比拖延更可怕，对影视工作来说，匆忙是一场巨大的灾难，会导致粗制滥造的作品，浪费大量的金钱、资源、精力和宝贵的时间。"

不仅是影视工作，做任何事情都不能匆忙，需要付出耐心、韧性和实实在在的时间。一把锤子敲不开一朵莲花。匆忙的破坏性在于草率行事，失去了耐心，问题一旦出现，人们就想立即解决，不立刻解决问题，就吃不下饭，睡不着觉，思绪烦乱，像热锅上的蚂蚁一样。他们会匆匆忙忙第一时间冲上去，把自己直接暴露在问题面前，硬碰硬去解决，不给自己留太多思考问题的时间，也不留太多腾挪的空间和回旋的余地。他们以为自己三下五除二，问题就能迎刃而解。显然，这样的态度是天真的、不切实际的，不仅无益于解决问题，还会越忙越乱，令问题变得更复杂、更难处理，最终让自己陷入挫败、沮丧、烦恼和焦虑之中。这种心理就是本书要讨论的"匆忙症"。

现在，患匆忙症的人比比皆是，他们每天都忙忙碌碌，急于解决各种各样的问题，总觉得时间不够用，内心时刻处在紧张和焦虑的状态中，难得浮生片刻闲。他们的口头禅是："我真的很忙""我现在没空""我好烦""我没时间"。不过，尽管他们忙得不可开交，却分不清事情的主次和轻重缓急，就像陈霞的老板说的那样，她会把所有事情都看得像生死一样重要，眉毛胡子一把抓，理不出头绪，工作始终犹如一团乱麻。

爱德华·哈洛威尔是研究注意缺陷障碍的专家，他这样描述患有匆忙症的人："总是匆匆忙忙，不论在何时何地都感到不耐烦，他们喜欢速度快，容易心灰意冷，在工作或谈话的过程中容易偏离主题，因为别的念头总是在分散着他们的注意力……面对堆积如山的工作总是无能为力，总是感觉忙得不可开交，但实际上根本没做什么。"

当一个人忙而没有重点、没有目标、没有结果的时候，他其实已经从匆忙演变成了原地踏步的瞎忙，患上了匆忙症。

匆忙症是心理出现了霉变，如果不彻底消除，人长期处在紧张、焦虑、疲倦和身不由己的状态中，无疑会影响工作效率和幸福指数，阻碍心灵的成长和心智的成熟。

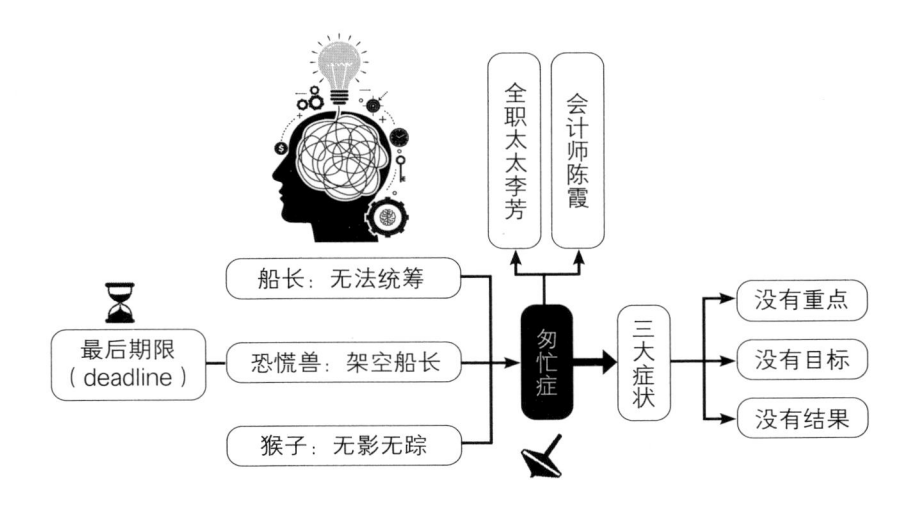

人们患匆忙症的原因

匆忙症让精神和身体都遭受摧残

白天奔忙晚上失眠的刘静

今天又是一个平淡无奇的工作日，闹钟响得令耳膜震荡不已，客服部的刘静不得不起床了。她披上大衣，用手捋两下头发，往嘴里塞入面包，边咬边走向地铁。

在地铁门关上前一刻，她努力挤上了车厢，地铁呼啸着在地下奔驰，来到了 CBD 写字楼的地下通道。刘静不断加快脚步，超越那些形色匆匆的人，抢先钻入高层电梯，然后小心翼翼地拿出口红往嘴唇上随便抹两下。来到办公室之后，她发现格子间里已经坐满了同事，大家争先恐后、"噼噼啪啪"地敲击键盘写各种周计划……

参加完 5 分钟的早会、10 分钟的小组讨论会、半个小时的客户会议，刘静还要向不同的领导进行各种各样的早汇报，一个上午就在匆匆忙忙中过去了。

她囫囵吞枣地吃完午餐，下午紧张的工作开始了。刘静一天要打 300 通电话，她要对使用公司产品的客户跟进售后服务、处理异议、引导客户重复购买……

因为害怕打不完电话、完不成任务，她说话的语速很快，经常打断客户说话，没耐心听客户把话讲完，就去推销公司的新产品。结果，她与客户的交流经常不欢而散。

晚上，她怀着抱怨、愤怒的心情，拖着疲惫的身体，快速赶回出租屋睡觉，边睡边想着明天的电话该怎么打，结果又失眠了。第二天，她还得继续如此奔忙。

故事中的刘静患有匆忙症，正处于一种持续的匆忙和焦虑之中，白天很恐慌，晚上又失眠，所以生活和工作已经处于失控状态。

关于匆忙症的多种定义

对于匆忙症，美国权威心理学杂志《今日心理学》在一份研究报告中，做了如下定义：

一种以持续匆忙和焦虑为特征的行为模式；一种强烈且持续的紧迫感；一种让人觉得长期时间不够用的不适感。匆忙症患者倾向于快速执行每个任务，如果有所耽搁，就会陷入慌乱。

而《英卡塔国际英语词典》对于匆忙症的定义则是：

一种不停奔波于不同事件所引起的现代病；一种想要迅速完成一切的冲动；一种长期的时间短缺感；会引发焦虑和失眠等症状。

从匆忙症概念中的"紧迫感""冲动""短缺感"和"焦虑"这些关键词不难看出，匆忙症不仅是身体和行为上的忙碌，更是一种内心的紧张、浮躁、焦虑和无序。至于肉眼所能捕捉到的那些奔波与疲惫，不过是匆忙症的外在表现。

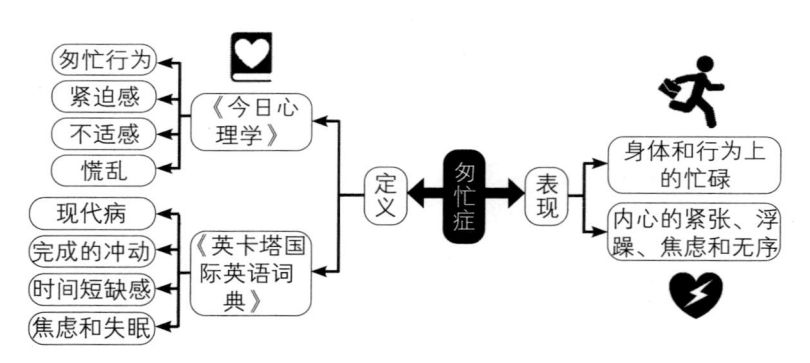

匆忙症的定义与表现

匆忙症并发心理问题和身体问题

关于匆忙症的危害，心理学博士罗斯玛丽·索德和菲利普·津巴多在杂志上写道："我们可以努力努力再努力，让自己活得像个高速旋转的陀螺，但迟早，我们的身体、精神和情绪都会崩溃。我们的身体和心灵无法承受持续的压力。一旦压力过大，血压会飙升，最终将停留在高水平，无法降下来，心脏将不堪重负，我们的脾气会变得暴躁易怒，我们的生活和工作会完全失控，并由此感到沮丧、疲惫和痛苦。"

他们还列出了一些匆忙症的具体表现：

· 总感觉时间不够，做每件事都很快，遇到任何耽搁就会心慌。

· 走路快、吃饭快、说话快、开车快，常常会打断别人说话，没耐心听别人把话讲完，这意味着他们可能是不好相处的员工和上司。

· 结账的时候总是过一会儿换一个队排，似乎觉得别的队伍比自己排的队伍短一些。

· 总是在车流中变道超车，来回穿梭，遇到红灯就抱怨、生气，遇到前面的车慢，就不断地鸣笛，常常表现为"路怒症"。

· 同时处理多项任务以至于忘记其中一项任务。

· 走在路上时，即使没有什么要紧的事情办，也会不由自主加快脚步，因为快已经成为习惯。

· 手上做着一件事情，心里却想着另一件事情，内心很难宁静下来。

· 睡觉前仍想着第二天要做的事情，并因此常常失眠。

……

匆忙症，是心理问题，但也会导致身体问题，最可怕的是，其影响迅猛、持久而广泛。尤其是在高速发展的新兴经济体，由于社会的变革和经济的转型，在天翻地覆的巨变中，一切都充满了变数，一切都不确定，一切都令人焦虑。紧张的人们时刻睁大双眼，紧紧盯着身边瞬息万变的人和事，生怕自己错过任何一个机会，恨不得把每天的每一分钟都利用得淋漓尽致，一点也不敢松懈……最后让自己变得匆忙、无序，让精神和身体都受到摧残。

匆忙症容易让人摊上倒霉的事情

杨军的生活就像一条疯狗

当心理咨询师端上一杯热咖啡，闻着香气，小呷一口时，杨军便走进了咨询师的办公室。同时，他的手机铃声也响了起来，他看了咨询师一眼，抱歉地说道："真不好意思，我接个电话。"

"请便！"咨询师冲他笑了笑。

"对，是我，我知道了，你不要再说了，我现在不方便说话……什么？有那么严重吗？好吧，我现在就联系律师！"他的语气有些烦躁不安。

接完电话后，杨军尴尬地笑了笑："真对不起，我知道自己迟到了，耽误了你的时间，但我还有一个要紧的电话要打！"

"没关系！"心理咨询师笑着回答。

"喂，是王律师吗？我有一件紧急的事情需要马上处理，你下午有时间吗？晚上也行，嗯，好吧，晚上见！"

杨军是一家装修公司的部门经理，他穿着褪色的牛仔裤、工作靴和溅满油漆的工作服。

放下手机后，杨军重重叹了口气："请您原谅，我本不该穿成这样来见你，但是没有办法，今天真是倒霉的一天，也许对别人来说，生活是一盒巧克力，而我的生活就像一条疯狗，被弄得焦头烂额。"

"发生了什么事情？"

"今天早上，临出门时，我怎么也找不到昨天晚上拟定好的采购清单，整整耽误了一个小时才出门。出门后，我想今天有很多事情要做，一定要把耽误的时间抢回来。一边想着，一边不自觉地使劲猛踩油门，根本没有留意车已经超速，结果被警察拦了下来，吃了一张罚单。在采购材料时，由于一直想着被警察处罚的事情，结账的时候才发现自己不知道把钱包遗忘在了哪里。但倒霉的事情并没有到此结束，刚才你也听见了，电话是工地负责人打来的，说装修材料迟迟不到，影响了工期，客户要把我告上法庭。为什么倒霉的事情总是被我摊上呢？"

你有没有类似杨军这样的经历，当你心急火燎去做一件事情的时候，常常会忙中出错，接着一个错误导致另一个错误，一连串的错误接踵而至，好像整个世界都在与你作对，一切都失去了控制。

虽然心理咨询师是第一次与杨军见面，但咨询师发现他的匆忙症已表现得十分明显。很多时候，忙，并不是一件坏事，说明有事情可做，这会让人感到充实。这样的忙是一种正常的忙，人们可以在忙中获得存在感，并由此提高自我价值感。但杨军的忙却情况不妙，他的忙是一种忙乱和无序，不会给他带来任何充实之感，只会让他觉得生活就像一条疯狗，完全不可控制。更重要的是，这样的忙还会严重影响他的自我认知，重创他的自尊，贬损他的自我价值。

尽管匆忙症对人的危害如此之大，但是身陷匆忙症的人却并不自知，因为他们似乎已经对这种病态的心理习以为常，很难察觉自己患有匆忙症，以及对他们的影响和危害。当他们的生活和工作被匆忙症弄得混乱不堪，身体被折磨得筋疲力尽，心里感到极度焦虑和自卑的时候，他们却常常将其归咎于运气不好，或者别的因素。

匆忙症的四个特征

看着狼狈不堪的杨军，心理咨询师说："的确如你所说，你今天的生活就像一条疯狗，即使你使出浑身解数去应对，拼命想摆脱它，它也会始终追着你狂吠。"

"谢谢你的理解，今天真是够惨的。"咨询师对他的理解，让他稍微放松了一些。

"你怎么会想到来找我呢？"咨询师问。

"最近，我的压力很大，很多事情都不顺心，经常失眠，丢三落四，注意力也不集中。总之，感觉很多地方都不对劲儿，是我老板让我来找你的，说你可能会对我有所帮助。"

"我很高兴你能来！"咨询师对他说。

这时，他的手机又响了起来，他关掉手机，再度向咨询师道歉："我的生活和工作就是这样，总是不停地接电话、打电话，忙得就像一只飞快旋转的陀螺。"

"你有没有想过你今天的生活为什么会像一条疯狗呢？"

"想过，恐怕这与我的工作性质有关系。"

"那你身边的同事和上司跟你从事相同的工作，他们也像你一样吗？"

"不，他们也都很忙，但似乎不像我这么混乱！"

杨军的坦率和诚实，是一个良好的开端，有利于谈话的深入，并逐渐挖出问题的根源。

"请问，我是不是身体患上了什么疾病？或者脑子有什么问题？"杨军有些紧张和害怕。显然，他的自我价值感开始动摇了，自尊正在承受着压力。如果任由匆忙症继续发展下去，不及时干预，他的人生肯定会出现更严重的问题。

"你不用怀疑自己，在我看来，你的身体很健康，大脑也没有什么器质性病变，你的一切都很正常，只不过，你可能患上了匆忙症！"

"什么？匆忙症？世界上有这种病吗？我怎么从来没听说过呢？"杨军有些惊讶。

在接下来的一小时里，心理咨询师向杨军解释了什么是匆忙症，以及它的特征和表现。

一个人患上了匆忙症，有四个重要特征：一是迫不及待，急于求成；二是行动前不仔细思考，冲动行事；三是在行动过程中力量分散，注意力不集中；四是结果一团糟，一切都失去了控制。

匆忙症特征一：急于求成

前些天，李帅给他的心理咨询师朋友打电话，说自己最近工作压力很大，经常失眠，希望朋友能给他推荐一些有效的减压方法。

李帅是一家三级甲等医院的危机公关的主管，最近医院里发生了不少医患纠纷，每件事情都需要他紧急去"灭火"——从中调解，使争端平息、彼此相安。如果一起纠纷处理不好，他就会受到医院领导的训斥与社会各界人士的批评。

现在，李帅来电求救，朋友赶忙把自己非常喜爱的一部治愈系电影推荐给了他。但仅仅过了10分钟，朋友又接到了他的电话，他上来就问："还有别的方法吗？我觉得这招对我不太见效。"

朋友很诧异："这才10分钟，电影也就刚开了个头，你怎么就知道对你无效呢？"

"呃，我是用快进看的。"李帅如此回答。

朋友啼笑皆非，快进的方式恐怕连电影的画面都看不清楚，浮光掠影，无法了解故事完整的内容，又怎么能理解其中的含义，起到减压的作用呢？

"如果选择快进，你的世界就会变得模糊！"朋友对李帅说。

然而，遗憾的是，人们常常用"快进的方式"来对待生活和工作。他们快速地说话，快速地办事，快速地赶路，一件事情刚开头就恨不得马上做完，急着看到结果。李帅对于结果的迫不及待、对于过程的刻意省略，正是匆忙症的第一个特征。

迫不及待是因为急于得到结果，急于求成，这种心态会让我们变得失去耐心，讨厌等待，比如前面的车开得稍微慢一点，我们会大喊大叫；到超市购物，遇到排队的长龙，我们会满腹牢骚；飞机晚点，我们会义愤填膺；飞机还没有停稳时，我们会迫不及待地打开手机、忙着拿行李。

一个人陷入迫不及待的心态，不会仅仅表现在一个方面，而是会表现在他生活和工作的方方面面。赵军就是这样。

赵军是一家广告公司的高管，开会时，如果下属迟到几分钟，他会大发脾气；他向董事会提交的工作计划若没有尽快得到答复，他会烦躁不安，做什么都静不下心来。不仅如此，他甚至还带着这种心态教育孩子。

他有一个三岁的儿子。每次下班回家之后，看到儿子在家哭闹，他便会大发雷霆，冲孩子大喊大叫，吓得孩子缩成一团，立即停止了哭闹，变得乖巧听话。为此，他还自鸣得意，认为自己教子有方。

三岁的孩子正是淘气好动的时候，这是他们心理发展必不可少的一个阶段，需要父母以极大的耐心去理解、陪伴和引导。唯有如此，孩子的心理才能得到健康的发展。但赵军却想省去理解、陪伴和引导的过程，只想用简单粗暴的方式快速让孩子停止哭闹，他的这种行为无疑会在孩子心中留下阴影，影响他将来的人生。追根溯源，这也是他迫不及待的心态在作怪。

有一句话是这样说的："带着迫不及待的心情出发，就已经失败了一大半。"所以，我们需要更多的耐心。耐心是人最优秀的品质之一，不仅能够让我们等待和忍耐，关键还能够让我们安静下来，看清事情的来龙去脉，不至于匆忙行动。美国催眠师斯蒂芬·吉利根说："把问题保持在一个清澈的水池中，看看有没有一朵莲花绽放。"如果你在生活和工作中按下"快进键"，那么你的世界会变得模糊不清、稀里糊涂，你的心态会变得迫不及待。带着迫不及待的心情出发，眼睛只盯着结果，你很可能已经站在失败的边缘。

匆忙症特征二：冲动行事

速度太快了，以至于无法思考；冲动行事，以至于不计后果。

快得无法思考——这是匆忙症的第二个重要特征。

快得无法思考有三层含义，第一层是，我们处在一个快速变化的时代，互联网和移动通信彻底改变了信息交流和传播的方式，呈现出如下特点：

- 速度快。
- 传播广。
- 渗透性强。
- 目标精准。
- 全天候轰炸。
- 变幻莫测。
- 防不胜防。

拉迪卡蒂集团（Radicati Group）是一家市场调研公司，位于加利福尼亚州帕洛阿尔托。据该公司调查，假如我们一天工作8个小时，那么每个小时我们将接触到36条广告、12封邮件，还有不计其数的Facebook首页更新的信息。而这些仅仅是冰山一角，还没有包含即时消息、移动电话、网络电话、视频聊天、照片分享、推特（Twitter）、微信和瓦次普（WhatsApp）等通信工具。这些媒介带有高度的强迫性质，每当新消息传来时都会有提示音，提醒我们对新消息进行关注。面对这些传播迅速、无孔不入的信息，我们应接不暇，冲动行事，疲于奔命，根本没有时间去思考、去消化、去吸收、去分辨哪些是真实的,哪些是虚假的。

第二层意思是,当大脑转得太快的时候,在亢奋、紧张和浮躁的状态下,我们就会失去冷静思考的能力。

在一次企业员工培训课上,讲师提问:"目前世界上最快的东西是什么?"

有人说是飞机,有人说是火箭……而讲师的答案则是人们大脑中的想法。一个人乘飞机从纽约飞到北京需要13个多小时,而大脑中的想法却可以在一瞬间完成。当然,也有人提出反问,说大脑中的想法是虚幻的东西,并不代表它是真实存在的。这个反问很有价值,涉及了匆忙症的本质。心理学最大的发现之一,是心理可以扭曲现实,并以扭曲的现实为基础产生相应的想法、情绪和行为。匆忙症的问题就是试图把大脑中虚幻的想法当成现实,把想象的速度当成现实的速度,从而让自己的心理和行为与客观现实严重脱节。而具体的运作机制是先让你的大脑高速运转,冒出很多想法,接着让你的脑袋发热发烫,最后失去冷静思考的功能。例如,当你迫不及待想去北京的时候,你的大脑是不是在飞快地运转,脑袋里不断翻滚着故宫、颐和园、八达岭长城和天安门广场的画面。如果碰巧你热恋的女朋友正在北京,你是不是更加迫不及待、心驰神往,以至于辗转反侧,夜不能寐。

当一个人的大脑开启浮想联翩的模式,想法很多,高速运转之后,它会处于亢奋和发热的状态,变得执着,不再冷静,也不能进行理智的思考,很容易冲动行事。就像一个人看到超市或者网络电商上面的低价促销广告，一时冲动，忍不住下单把便宜货都搬回家，哪里有空思考家里到底用不用得着。

第三层意思是，当你的大脑执着于一个目标，迫不及待想去实现时，就会陷入隧道思维，眼睛只盯着那个目标，而看不见旁边的东西。即使你的面前有陷阱和危险，你也会视而不见。例如，前文中的装修公司的部门经理杨军，当他执着于这样的目标——一定要把耽误的时间抢回来时，他的大脑是过热的、焦灼的，这样的大脑无法冷静地思考和观察客观形势，只会沉溺于自己的主观想法中，一叶障目，最终导致他对自己的超速毫无觉察，也看不见路边的警察。

不仅如此，这种病态的心理还会影响别人对你的评价和信任。还是以杨军为例，他在完成任务的过程中招惹了那么多不必要的麻烦，最后在提心吊胆中，跟跟跄跄勉强完成了任务。试想，如果他始终是这种状态，他的老板还会对他放心吗？还会信任他吗？实际上，他的老板让他去找心理咨询师，就是希望他能戒掉匆忙症，不再让生活和工作像一条疯狗一样失去控制。唯有如此，他才能让周围的人放心，重新获得别人的信任。

匆忙症特征三：注意力分散

周杰从事信息技术（IT）行业已经10多年，他很精通自己的业务。现在是一家手机售后服务店的经理。

有记者问他："一般来店里修理苹果手机的人，他们的手机最普遍的毛病是什么？"

他用手指在空中比画了一个动作，拉长着脸说："手机进水。"

"为什么呢？"记者有些好奇。

"很多人，特别是女性，很喜欢一边上厕所，一边看手机，一不小心手机就会掉进马桶里。"周杰解释说。

"这很有意思！"记者笑了笑。

"是呀，在我就职的所有公司里，我处理过的最多的问题，就是手机进水。"

你有没有过这种经历，边上洗手间边看手机，结果手机进水，不得不心急火燎地去修手机。如果你手上正做着一件事情，心里又想着另一件事情，那么，你可能已经在匆忙症的路上了。

陷入匆忙症的人自认为脑子转动得很快，反应也很迅速，而且可以同时做两件以上的事情。

人真的可以同时做许多事情吗？

可以，但是却往往一件事情也做不好。

从两岁开始，我们进行如厕训练，到现在已经几十年过去了，上厕所不费吹灰之力，同样看手机也是举手之劳。但就是这两件简单得不能再简单的事情，如果你同时做，也会让人手忙脚乱，频频出错。何况其他事情呢？

现在分心的情况越来越普遍，针对有些人一边看手机，一边过马路的情况，美国有些州甚至还制定法律，严格禁止。

说起来，每个存在于世的人都拥有不同的身份，我们是职员、老板、父亲、母亲、儿女、恋人和朋友……这意味着每天我们都要做不同的事情，既要努力工作，又要照顾亲人，还要联系朋友，有时还要处理突然发生的事情。人人都是如此，没有例外。而之所以有些人会陷入匆忙症，就是因为内心有着这样一种错觉，认为自己完全可以同时兼顾几件事，而且都能做得游刃有余。

　　如果稍加留意，就会发现身边有很多人都会在工作的时候浏览购物网站，或者和朋友聊天，而又在休息时间惦记着工作上的进展，永远是身在曹营心在汉。或许你自己就有这样的习惯。我们总是一边写着稿件，一边想象着自己穿上购物车里的那款裙子会是什么样，顺便八卦一下朋友圈的最新事件，以保证自己不会落伍。而休息的时候，我们又会经常打开邮箱查阅工作邮件，生怕自己落下了客户发来的重要消息。我们这样的状态来自于对于多重身份的美好设想，希望自己既可以做个优秀的职员，又是个光鲜亮丽的时尚达人，并且还和朋友们保持热络的联系，为了让每一个身份都闪闪发光，人们最大程度打包着生活中的一切，不管重要与否都列在每天的待办清单上，并且同时发力。

　　王璐的每一天，都是在"百爪挠心"的状态中开始。

　　当听到闹钟响起时，她的脑子里就嘭地弹出一张满满当当的待办清单：

工作报表这周务必得交了，老板上次催的时候脸色就不太好看；

客户要的PPT也要尽快做完，这一单要是能签下来，年终奖起码可以翻上一番；

要筹备周末和男友的三周年晚餐，去年让他去办，结果选的那家餐厅饭菜简直难吃死了；

老妈的生日也快到了，送她什么礼物好呢？……哎呀，还答应了要帮闺密挑选结婚的酒店，一家一家跑下来，也不知道要占用自己多少时间。

…………

想着想着，王璐忽然觉得头比斗大，还没起床，浑身的力气就已经被抽走了一半。

王璐并非身兼重任的大人物，她只是贸易公司的采购人员，和大多数人一样，有份工作，有个恋人，有自己的朋友圈和小爱好，还有些对于未来的小希望和小憧憬。王璐每天都很忙碌，努力扮演好几个角色。

王璐一度还挺享受这份忙碌，在她看来，"忙"代表自己过得很有意义，代表自己同心中的那些希望和憧憬贴得更近了一点。但不知从什么时候起，她的心里却渐渐生出了些别样的滋味，她发现忙碌并未给自己带来想要的结果，即便自己已经很努力去做每一件事，却永远会有些事情来不及去办，永远会有意想不到的纰漏出现，永远无法让身边的人包括自己满意。"我到底是怎么了？为什么越是忙碌，越容易出错，反而觉得离目标越来越远？"每一个倍感疲惫的日子结束后，她都会这样问自己。

王璐的疑问并非是个例，事实上，我们身边越来越多的人正陷入一种和她一样的怪圈，每天处理的事情一大堆，从早到晚忙到心烦意乱，但回头看看，却没有哪件事情办得像样。这其中一个重要的原因是分心，没有集中精力把一件事情做好，就忙着去做另一件事情，总是想同时完成多项事情。

著名学者戴夫·克伦肖（Dave Crenshaw）在他的《多重任务的神话》中写道："你的大脑无法同时处理一个以上的任务，你实际上是在这些任务之间快速来回切换。"不过，这种切换是微妙的、迅速的，不容易被察觉。比如一个人一边烹饪，一边洗衣服，从表面上看他好像同时在做两件事情，但实际上，他是在这两件事情中来回切换。他一会儿在厨房里烤面包，一会儿又在洗衣机旁洗衣服。但是，如果他想把两件事情都做好，那么他在将面包放进烤箱的时候，必须做到专心致志；在打开洗衣机的时候，也必须心无旁骛，并且还要能够快速切换。如果他在烤面包的时候想到洗衣服，那么他很可能忘记打开烤箱的开关；如果他在洗衣服的时候想到烤面包，很可能忘记往洗衣机中放洗衣粉或洗衣液。那些出色的人之所以出色，是因为他们在做一件事情的时候，不管这件事需要的时间是几个小时，还是几分、几秒，他们都不会心存杂念，而是专心致志，把全部精力投入其中，等到这件事情做好之后，又会迅速切换到另一件事情上，并做到全神贯注。

爱因斯坦说过："时间存在的唯一理由，就是不让所有的事情同时发生。"

对这句话，他还有一段精彩的注解："任何一个男人要想同时安全地开车和亲吻一个漂亮的女孩，那么最简单的方法就是在不需要注意力的时候亲吻。"

当开车需要你的注意力时，如果分一部分注意力去亲吻女孩，不能全神贯注在开车上，那么就很可能出现意外，让自己的汽车和人生都失去控制。

匆忙症特征四：失去控制

有一天，美容美发师赵敏女士给心理咨询师打电话，想咨询匆忙症的事情。咨询师与她约在咖啡馆见面，结果她比预定时间晚了整整一个小时才匆匆赶来。一见面她就沮丧地告诉咨询师："抱歉，临出门的时候死活找不到汽车钥匙，我找遍了所有地方，后来才发现就在大衣的暗兜里。"

"那可真够倒霉的，你要是先翻翻大衣就好了。"咨询师表示理解地说。

"我翻过了啊！不下五遍，只不过每次都太着急了，没有想起来去摸摸暗兜。"赵敏指了指大衣的暗兜。

当赵敏走进咖啡馆的时候，咨询师就注意到了她，因为她走路的姿势不太像走，倒更像是在滑行。当时咨询师就觉得很奇怪，现在通过简单几句话，咨询师在她的身上便看到了匆忙症的影子，并且窥见了由此带来的结果。

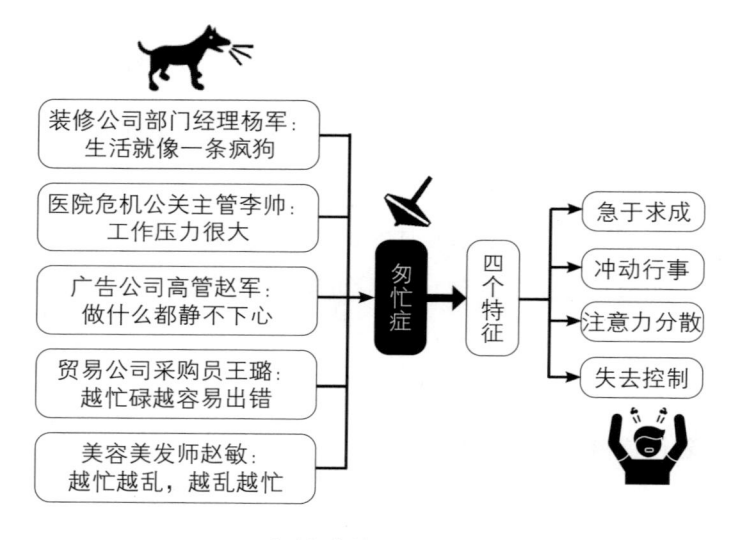

匆忙症的四个特征

- 装修公司部门经理杨军：生活就像一条疯狗
- 医院危机公关主管李帅：工作压力很大
- 广告公司高管赵军：做什么都静不下心
- 贸易公司采购员王璐：越忙碌越容易出错
- 美容美发师赵敏：越忙越乱，越乱越忙

匆忙症 → 四个特征：
- 急于求成
- 冲动行事
- 注意力分散
- 失去控制

匆忙症患者的头脑和思绪的一团乱麻终将导致生活和工作一团乱麻，直至完全失控，陷入无序和混乱的状态。就像那个装修公司的部门经理杨军所说的那样，生活就像一条疯狗。

在这里我们不妨先做一个简单的换算，在 1 个小时内，如果你专心做一件事情所投入的精力是 1，那么当你同时做 3 件事情时，每件事情投入的精力就是 1/3。但是这 3 件事情都需要你用 1 个小时才能做好，那么结果就是——在 1 个小时内，你3件事情都做不好。

为了进一步让赵敏明白这个道理，咨询师请服务员拿来一张纸，在上面写了几个字后，举着这张纸在她的眼前一晃而过。

"你能看清楚上面写的是什么吗？"咨询师问。

"您动作太快了，我没注意。"她笑道。

"也许，你之前没有集中注意力，现在请注意了，你再看一遍。"说完，咨询师又举着那张纸在她面前晃动了一次。

"还是没看清楚。"她说。

接着咨询师又晃动了5次，她都没能看清楚纸上写的是什么。

最后，咨询师把这张纸在她眼前停下来，开始数数1——2——3——，当咨询师数到3的时候，她兴奋地说道："看清楚了，上面写的是'赵敏'，我的名字。"

咨询师对她说："我在你眼前晃动的时间只有1秒钟，但是要看清楚纸上的字却需要你定睛3秒钟。这3秒钟必须一次性投入，不能分批次投。如果你每次只用1秒钟，最后你会发现，即使所花的时间和精力加起来远远超过3秒钟，却依然看不清纸上的字。"

"你是在暗示我，找车钥匙也是这样吗？"她低声说道。

"是的，你急着找遍每一个地方，却没有在最有可能找到的地方投入足够的时间，没有仔细翻看。事实上，你翻动的频率越快，与事物接触的时间越短，就越不能看清楚真相。最后的结果就是越忙越乱，越乱越忙。"

日本著名实业家稻盛和夫在他的《活法》中曾经说过："心不唤物，物不至。"无论是一把钥匙，还是事业上的转机，都需要用心才能获取。而这里的心，需要的是真情实意，是肯花精力、费时间、动心思去深挖细查，绝非是匆匆忙忙的心态和行动，或蜻蜓点水似的接触。法国哲学家亨利·柏格森说："秩序是主客观之间的一致；是在事物中发现自我的精神。"从反面的角度来理解柏格森的话，无序则是因为内心的欲求和事物的发展不一致，是自己内部的烦躁和焦虑引发了与外部事物的冲突，最终导致混乱。

在一定的时间内，我们能做的事情毕竟是有限的，但是，当人们渴望在最短的时间内做完更多的事情时，他们的内心就会扭曲，动作就会变形。例如，在生活中，我们常常能看到这样的广告：20分钟学会瑜伽，7天拿下英语口语，1小时肌肤回到婴儿时代，1个月成为百万富翁，等等。众所周知，瑜伽本来就是一种放松身心的慢功课程，绝不可能在短短的20分钟内速成，而这样草草学就的瑜伽，其效果也就可想而知了。同样，诸如学习英语、保养肌肤、积累财富这些事情，也不可能一蹴而就，轻松搞定，需要你持续地付出时间和精力，一切急于求成的想法和行为都是匆忙症这种病态心理在作怪。

患上匆忙症的人一般都有雄心壮志，主动性强，关注时间管理；他们习惯用最后期限逼迫自己，痛恨拖延和失信；他们是"永远在线"的人，如果你给他们发邮件，他们会为自己的快速回复感到骄傲。他们认为自己是积极进取的人，往往能取得一些成就，但却缺乏耐心和韧性，容易焦虑，也容易分心走神。你可以看到这些人在早上是怎样的匆忙。他们可以在训斥孩子或者开车的时候，还同时化妆、打电话、喝咖啡。他们极度仇恨任何形式的排队。他们这种病态的心理不仅会让自己时刻处在紧张和焦灼的状态，也会让家人、朋友和同事的神经绷得很紧，严重影响他们事业的发展、家庭的和谐，以及人际关系的融洽。

一颗匆忙的心，做任何事，在任何层次上，都是一团混乱的。

匆忙症对任何一个人来说，都不是一个小问题，它会给生活和工作带来意想不到的麻烦。同时，你会发现，因为匆忙，自己整天乱忙一气，似乎永远也轻松不了，永远也无法施展自己的能力，永远无法提高做事效率。

如何确定自己是否患上匆忙症

心力交瘁的女教师李慧

李慧是新星中学新来的女教师,她平均每天的工作时间长达 16 小时,每天从清晨早读开始到深夜批改作业,整天忙忙碌碌,总有做不完的事情,总有一些调皮的学生让她操心。

寒来暑往、岁月如梭,她这样周而复始,匆匆忙忙地备课、上课、批改作业、管理学生、参加教研、听公开课、进行教学反思,还要撰写各种业务学习、政治学习、读书笔记,开展晋升、评职称、课题研究等活动,以及参加学校和主管部门组织的各式各样的检查与评估……

新来的女教师李慧急于求成,把精力分散到很多事情上,冲动行事,最后,不仅班里的教学成绩没有提上去,还弄得自己心力交瘁,最后病倒了……

你会不会像李慧老师一样也是一个匆忙的人呢?请你来做一个简单的匆忙症自测。如果你对以下超过 4 个问题的回答是

"经常",那么你就很可能患上了匆忙症。

匆忙症自测的 6 个问题

在过去 6 个月里：

1. 你是否经常对事情做出迅速反应，但又常常会为自己所说的话、所做的事感到后悔？

2. 你是否经常在做一件事情的同时，心里还想着另一件事情？

3. 在做一件事情前，你是否经常想到事情的结果，这件事情做成后会怎么样、做不成又会怎么样，并因此感到紧张和焦虑？

4. 你是否经常感到身不由己，似乎有一股无形的力量在逼迫着你不停地忙碌，一旦停下来，你就会感到心慌和空虚？

5. 你是否经常觉得如果不忙就是在浪费生命，却又不知道自己究竟为什么而忙？

6. 你是否经常感到生活和工作一团糟，似乎整个世界都在与你作对？

你扪心自问以上这 6 个问题，如果回答都是"经常"，那么可以确定的是你已经患上匆忙症。那就请你认真阅读这本书吧，让我们一起帮你戒掉匆忙症。

这不是一本简单教你怎么放慢生活节奏，或如何在繁杂之中进行放弃的书，而是告诉你**匆忙是一种惯性思维、机械动作，以及僵化的生命操作系统，是对内心的忽视、时间的浪费、生命的虚度。升级你生命的操作系统，意味着你要将惯性思维升级为弹性思维，将机械动作升级为弹性动作，将封闭的自我升级为开放的自我。**

升级完成之时，就是生命反转之时。

第 2 章

匆忙症的模式：
让人沦为机器的做事模式

做事模式与做人模式

女代驾的梦想

一天晚上，因为应酬，一位企业老板喝了不少酒，不能开车，只能找代驾。代驾是一位女性，东北人，给这位老板的感觉很特别。

她说话彬彬有礼，非常专业，倒车、转弯，技术娴熟，不疾不徐。坐她开的车感觉既安全又舒适。在攀谈中，她说她很享受在路上的感觉，只要一上路，所有烦心事往脑后一抛，心情大不一样。在寒冷的夜晚，她对工作的热情和投入，让这位老板倍感温暖。后来，这位老板得知这位女代驾曾登上过《嘉里》时尚杂志封面，还有报道说，她在这份工作中遇见爱情，实现了梦想。

对待生活和工作，可以分为两种状态：一种叫作"做人模式"，另一种叫作"做事模式"。

绝大多数人的工作都是平凡的，但珍贵的生命却能在平凡的工作中找到存在感，以及深远的意义，就像那位女代驾一样。如果我们带着爱去做一件事情，付出真诚、激情和心血，那么我们就与这件事建立起了深刻的联系。通过这件事，我们感受到了自己的价值，心灵由此获得成长。在这个过程中，我们把做事当成手段，把自我成长、自我完善当成目的。

这就是"做人模式"。诗人泰戈尔说："我们的生命是天赋的，唯有付出生命，才能获得生命。"这便是对这一模式最好的注释。

所谓"做事模式"，是把完成一件事情当成目的，眼睛紧盯着收益。在这种模式中，我们不会将生命附着在这件事情上，这件事也没办法流经我们的心，做完也就完了，与我们心灵的成长无关，与我们能力的提升无关。我们每天忙忙碌碌，却等同于一台廉价的机器，一圈一圈转动，走了几十年，仍然在原地打转。一个人像机器一样工作和忙碌，意味着什么？意味着他很快就会被机器所代替。这种僵化、麻木的模式，不能为生活中那一个个温暖的瞬间而感动，也无法领略生命的壮阔，往往会让我们疲于应付，手忙脚乱。

"做人模式"包括两方面内容：一是用心做事，触及事物的本质，无论是科学家搞科研，还是代驾接单开车，都要深入其中，仔细琢磨事情的特点和规律；另一方面，也是最重要的内容，通过做事，你深入自己的内心，甚至深入灵魂，磨砺心性，锻炼意志，拓宽胸襟。如果只停留在做事的层面，不能向内深入，即使花费了很长时间，你的目光依然狭窄，格局依然狭小。

在做事模式中，你的注意力跟随着一件件具体的事情，精神高度紧张，内心充满焦虑，每一根神经都绷得很紧，根本没有时间和精力去思考我们究竟在做什么，以及为什么要做这些。也就是说，做事模式是把自己困在了密密麻麻、荆棘丛生的具体事务当中，在挣扎、紧张和焦虑中，已经没有精力深入内心，倾听内心，常常会在纷繁复杂的事务中迷失。

做人模式的核心：清楚做事的意义

当然，做人模式并不是说不去做事，与做事模式相比，在做人模式中，人们所做的事情一点也不比前者少，不同的是，他们不会被事情所淹没，始终明白自己心中的最高目标。开启做人模式后，一个人即使所做的事情在别人看来微不足道，但他也很清楚所做之事的意义。

2017 年 6 月 9 日，在麻省理工学院第 151 届毕业典礼上，苹果公司 CEO 蒂姆·库克在演讲中说："我所担心的并不是人工智能能够像人一样思考，我更担心的是人们像计算机一样思考，没有价值观，没有同情心，没有对结果的敬畏之心。"

库克的担心是很有道理的，在做事模式中，人就像一台计算机一样思考着、行动着、忙碌着，如同影视作品中的那些僵尸，这该是多么令人恐怖的事情啊！

幸好，除了做事模式，人类还有做人模式。开启做人模式之后，我们与自己的内心建立起深刻的联系，在生活中探究生命最深层次的真相，在工作中领悟生命更宏大的意义。这样的人永远不会被机器所取代。不，他们也永远不能被任何一个人所取代，因为他们活出了生命的底蕴，活出了真实的自己。

《大学》中"仁者以财发身，不仁者以身发财"这句话可以帮助我们理解做人模式与做事模式的区别。

什么是"以财发身"？就是通过挣钱这种方式来突破自己、发展自己、成为最好的自己，释放人性的光辉，这便是做人模式。

什么是"以身发财"？就是以牺牲身体、牺牲人格、失去尊严的方式捞钱。做事模式往往就是这样，当我们把捞钱当成目的，忽视了心性的淬炼之后，我们很容易迷失，被金钱腐蚀。

回想一下，日复一日，年复一年，你是不是沉迷在做事模式中？如果是，现在就停下来，聆听一下内心的声音，感受一下你此时此刻的心情。你不能只是一个忙碌的苦力，你身上蕴含了无穷的生命奥秘。

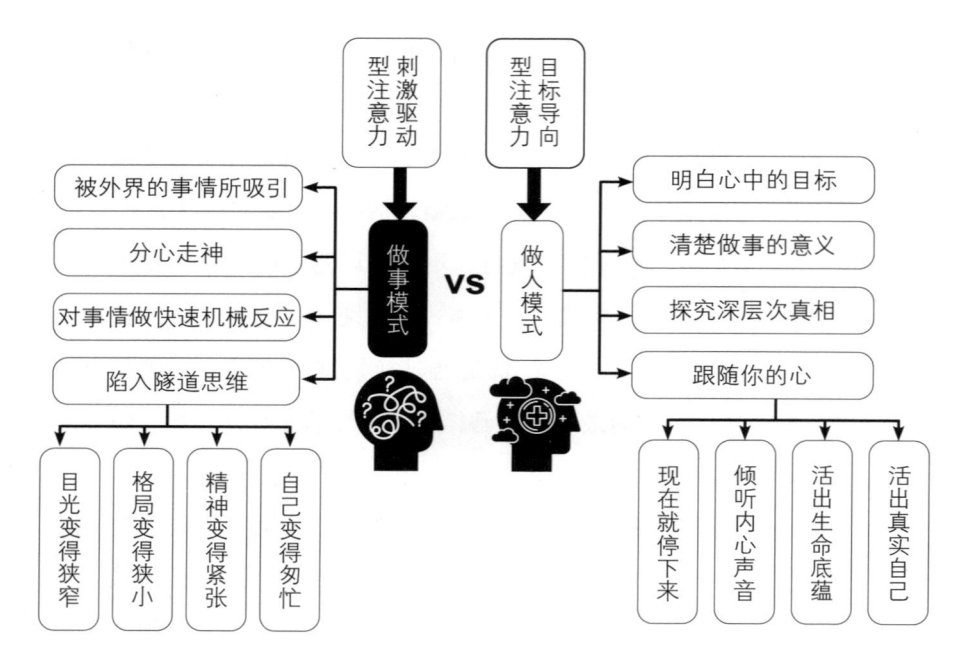

```
                刺激驱动型注意力              目标导向型注意力
        ┌─────────────────┐                                    ┌─────────────────┐
        │ 被外界的事情所吸引 │                                    │   明白心中的目标  │
        └─────────────────┘   ┌──────┐        ┌──────┐         └─────────────────┘
        ┌─────────────────┐   │ 做事  │        │ 做人  │         ┌─────────────────┐
        │   分心走神      │──▶│ 模式  │  VS   │ 模式  │          │  清楚做事的意义  │
        └─────────────────┘   └──────┘        └──────┘         └─────────────────┘
        ┌─────────────────┐                                    ┌─────────────────┐
        │ 对事情做快速机械反应│                                    │  探究深层次真相  │
        └─────────────────┘                                    └─────────────────┘
        ┌─────────────────┐                                    ┌─────────────────┐
        │   陷入隧道思维   │                                    │   跟随你的心    │
        └─────────────────┘                                    └─────────────────┘
   ┌──────┬──────┬──────┬──────┐                  ┌──────┬──────┬──────┬──────┐
   │目光  │格局  │精神  │自己  │                  │现在  │倾听  │活出  │活出  │
   │变得  │变得  │变得  │变得  │                  │就停  │内心  │生命  │真实  │
   │狭窄  │狭小  │紧张  │匆忙  │                  │下来  │声音  │底蕴  │自己  │
   └──────┴──────┴──────┴──────┘                  └──────┴──────┴──────┴──────┘
```

做事模式与做人模式的区别

刺激驱动型注意力开启做事模式

做事模式与做人模式，分别与人的两种注意力密切相关：刺激驱动型注意力和目标导向型注意力。

刺激驱动型注意力，是指我们的注意力常常会被外面发生的事情所吸引。例如，你正在家中聚精会神地阅读本书，突然听到消防车急促的警笛声——"哇——呜——哇——呜"，声音由远而近，直奔你所居住的社区。这时不管你对这本书多么入迷，都会立刻把书放下，打开窗户，看一看究竟发生了什么。

如果是邻居家发生了火灾，浓烟滚滚，你会当机立断，迅速采取措施。

刺激驱动型注意力，能够帮助我们对外界发生的事情做出迅速及时的反应。如果这种注意力比较欠缺，人常常会变得木讷，对外面的危险和警讯反应迟钝。但是，如果我们的注意力总是被外界的刺激所控制，也会陷入麻烦。比如，一个年轻漂亮的女人从两个正在谈话的男人身边路过，如果其中一个男人心神不定，频频回头，就无法真正倾听对方说话。再比如，手机突然传来一条消息，说某个女明星与谁结婚了，或者某个男明星有了外遇，如果你被这条消息所吸引，将注意力集中到那些绯闻上，就很容易耽误手上正在做的事情。

尽管相对于其他生物，我们人类的进化程度更高，但就像猫的注意力会被摆荡的悬挂物体吸引一样，人也常常会被突发的事情所吸引，比如，手机的提示音、电脑弹出来的窗口、某人的一声大叫等。但值得注意的是，如果我们的注意力总是被外界的事情所吸引，自己就会像秋天的一片片落叶追随着每一阵风，东飘西荡，凌乱而又匆忙。

每天我们都会接收到各种各样的刺激，诸如高速公路的地陷、学校的跳楼事件，或者是旅游胜地的高价餐费等，这些消息或多或少会刺激我们的神经，霸占我们的注意力。不过，对我们刺激最大最深的还是身边发生的事情。很多时候，别人的一句话、一个动作，或者一个眼神，都会深深刺激到我们，从而在心中激荡起波澜，让注意力沦陷其中。实际上，患有匆忙症的人绝大多数都是被刺激驱动型注意力所控制，他们就像一个反应器，对每一个来自外界的刺激都会迅速做出反应，但是这种快速的反应不仅徒劳无功，还会令自己心力交瘁。

李玉兰是一名患有匆忙症的女性，她对外界的刺激非常敏感。朋友不高兴时，她会想是不是自己的原因；丈夫回家后想独自静坐一会儿，她会想丈夫是不是嫌弃自己；儿子淘气本来是孩子的天性，她却会大喊大叫，并痛恨自己不是一个好母亲。她的精神高度紧张，随时随地都准备着对外界的刺激做出反应。她反应着别人的感觉、行为和问题，活在别人的感觉里，每天都忙忙碌碌，身心俱疲。李玉兰曾经对身边的朋友说："我发现自己就像一个木偶，身不由己，内心一刻也得不到宁静。"

很多人都像李玉兰一样，某人做了某件事情，他们就必须立刻采取行动回应；某人说了一些话，他们就必须迅速说一些话予以反击。他们对外界的刺激反应迅速，但常常不假思索，不过脑子，从未认真思考自己该做什么、不该做什么，以及该如何反应才最有利于自己。他们总是反应得太快、太紧张、太急切，但常常又会为自己说出的话追悔莫及，为自己冲动鲁莽的行为付出高昂的代价。

目标导向型注意力开启做人模式

与刺激驱动型注意力相反，目标导向型注意力是排除外界的干扰,把注意力集中于内心的目标,坚定不移地前行,而不是任由注意力被频繁的手机信息、别人的议论,或者节外生枝的事情吸引。由于这种注意力始终保持着与内心的联系,所以,它开启的是做人模式。

杰出的人都擅长运用目标导向型注意力,他们会把注意力牢牢锁定在最关键的信息、最重要的目标上。

美国南北战争时期的尤里西斯·格兰特将军,即使在炮火轰鸣、烟尘弥漫、周围一片混乱的战场上,仍然能够把全部注意力集中在战场报告上,仔细分析形势,做出关键的决断。他不仅取得了赫赫战功,也成为一个令人敬佩的人。

历史学家马克·佩瑞(Mark Perry)说:"他并不算高大威武,或者聪明伶俐,甚至也算不上睿智,但他做任何事情都能聚精会神。"

格兰特晚年时不幸患了喉癌,在生命的尽头,他强大的目标导向型注意力又一次发挥了作用。他努力撰写回忆录,因为回忆录的出版可以给他的妻子和儿女带来长久的收益,扭转他的家庭糟糕的财务状况。尽管有病痛的折磨和不便,他还是紧盯着目标,专注于任务,把全部注意力集中在回忆录的撰写和修改上,最终于1885年7月19日完稿。而四天后,他便去世了。

一年后,他的遗孀收到了一笔巨款——20万美元的版税。

人们匆忙于追逐快乐，逃避痛苦

当今，随着微信等网络社交媒体的迅速发展，刺激驱动型注意力被运用得淋漓尽致，而目标导向型注意力则被淹没其中。

娱乐八卦：酷似希特勒的 10 只猫

刺激驱动型注意力是本能的反应，满足的是我们浅层次的情感需求，而且这些反应没有经过大脑皮层的仔细思考。例如，在下面这些消息中，你认为哪条消息在 Facebook 和微信中更能引人注意——

- 欧洲分裂。
- 儿童脑膜炎。
- 寨卡病毒。
- 叙利亚医院遭到轰炸。
- 破坏极地冰盖。

- 一名俄罗斯政府官员在伦敦谋杀一名英国公民。
- "酷似希特勒的 10 只猫"。

与前面那 6 条消息相比,"酷似希特勒的 10 只猫"传播的速度肯定会更快,范围也更广。因为前面那些消息不仅令人沮丧,还要用大脑思考,劳心费神,在压力重重的工作和生活中,谁愿意去动脑子思考呢?

而"酷似希特勒的 10 只猫",新奇、好玩、轻松有趣,并不深奥,不用动脑子,正好能让人消遣;由于是图片,没有语言障碍,所以更容易传播。现在,这样的消息每天在 Facebook 和微信中层出不穷,例如,某某明星酗酒烂醉如泥、某某明星嗑药、某某明星出轨、某某明星换赞助商等等,而这类消息满足的恰恰是我们的刺激驱动型注意力。

英国资深记者基思·艾略特(Keith Elliott)说:"名人和八卦新闻越来越多,而调查性新闻却越来越少。当这些信息狂轰滥炸的时候,你觉得这些信息是增进还是减少了我们对世界的了解?很可悲,我认为是减少了,因为如今人们的知识处在一个更加肤浅的水平。如果你问二十几岁的人,谁是金·卡戴珊(美国娱乐界名媛),他们可以脱口而出。而如果你问他们,为什么瑞士拒绝加入欧盟这些问题,他们就会一脸茫然,什么也不知道。"

基思·艾略特还提出了另一个观点:故事传播得越快,往往越不可信。因为这些传播得快的故事,都调动了人的刺激驱动型注意力，满足了人肤浅的心理需求，这也导致了一个结果：为了迎合大众，我们过滤了事件的真相，只追求有趣和耸人听闻的故事，而非有意义的故事，这样一来，所谓的"快"，也就成了不让人过脑子的"快"。

速度和真相之间存在着反向的关系，真相需要一定的时间，经过一系列的调查和思考才能揭示，而那些迅速传播的爆炸性消息，往往并不是最后的真相。每次坠机事件的死亡人数总是随着更多信息的获得而上升。

每当发生爆炸性新闻时，通常就是谣言愈演愈烈的时候。

让人变得匆忙的两种心理需求

刺激驱动型注意力与两种心理需求相关：一是努力追逐快乐，二是不遗余力地逃避痛苦。这两种心理需求几乎源自我们的本能，不用经过大脑仔细思考。无论是 Facebook，还是微信，抑或其他网络平台上，那些能够迅速调动刺激驱动型注意力，并迅速传播的消息无非是击中了这两种心理需求的要害。娱乐八卦消息击中了人们追逐快乐的心理需求，而那些骇人听闻的消息之所以能迅速传播，是因为它们击中了人们不遗余力逃避痛苦的心理需求。别人把一件事情说得越可怕，我们不仅越会关注，还会迅速采取行动，一刻也不敢耽误，因为耽误就意味着危险。这种行动越多，人就越匆忙。

哈佛心理学家史迪芬·平克说："如果你想争取他人的支持，最有效的方法是给人造成一种恐怖的印象，这样他们必须立即采取行动，否则事情会变得更可怕。据说广告的作用就是制造不幸福，让你购买他们的产品。"

人们倾向于相信他们第一时间听到的爆炸性新闻，是因为它呈现的渠道或形式都是预先计划好的，针对的都是我们近乎本能的心理需求，调动的是我们的刺激驱动型注意力。如果该事件是"对社区的威胁"，那么很难重新改变人们的看法，即使该事件是不真实或不完整的。因为这些消息刺激了我们最敏感最脆弱的那根神经，就是对危险的担心。譬如，不管你正在做什么事情，消防车的警报声都会吸引你的注意力。对安全感的需求、对危险的焦虑就像信仰，是非理性的，是根深蒂固的，也是不容易被改变的，无论后面有多少证据证明这个事件是荒谬的，人们还是会相信自己第一时间所听到的。

历史学家是最接近真相的人，他们可以告诉你当年究竟发生了什么，但这需要在几十年之后。与历史学家相比，律师则会在几年之后告诉你真相，但这样的真相是打了折扣的。会计师大约在18个月后告诉你真相，但这是动过手脚的真相，是折上折。记者可以在几周，或者几天后告诉你真相，但这样的真相不会有多少真实的成分。而推特（Twitter）可以每45秒告诉你一个新闻故事，但这些新闻都是不可靠的，都有待验证。

在刺激驱动型注意力的驱动下，匆忙的大脑接受事实很难，但做出评判却十分容易，这时的我们就像一个鲁莽、武断的裁判，对发生在自己身边，以及世界上的大事小情都会迅速做出评判。但这些评判并不是对事情的真实反映，仅仅反映了我们的内心，反映了我们心中的紧张、焦虑、担心和恐惧，反映了我们心中的寂寞、空虚和无聊，也反映了我们的价值观和人生观。即便是一个一辈子待在乡下的人，没去过世界任何地方，他也会有自己的世界观，也会对每件事情做出评论。但你认为他的话又有几分可信度呢？

匆忙症患者：屏蔽右脑思考，逼迫左脑思考

做事模式关注外部的事情，做人模式关注自己的内心，这两种模式除了与人的两种注意力有关之外，还与我们左右脑的分工密切相关。

"裂脑人"实验：左为分析脑，右为直觉脑

人脑可以分为两个部分——左脑和右脑，中间由一个胼胝体连接。左右脑的联系非常紧密，它们共同发挥作用，协同处理生活和工作中遇到的复杂问题。不过，为了方便理解，我们也可以将左右脑的功能做一个简单化的区分，即左脑通常负责所有的比较、计算、对比和分析任务，右脑负责所有的非逻辑任务，如信念、爱、信仰、信任、同情心、同理心和归属感等。

左右脑分工理论最早是由罗杰·斯佩里在其所著文章中提出的，他也因此获得了1981年的诺贝尔奖。在研究癫痫症的影响时，他发现切断胼胝体可以减轻或消除癫痫发作。之后，

这些"裂脑人"被作为受试者参与到科学实验中。其中最戏剧性的一次实验表明：如果受试者的左眼被蒙起来，那么右眼获得的信息只能传输给左脑，当向其展示一个物品，比如一个电热器的时候，他们对这个物品的分析会特别具体、详细和生动。他可能会说："嗯，这是一个盒子，有电线和铁丝，可以用电来加热。"他们甚至还能够继续分析下去，比如非常精准地说出电热器的零部件。不过，即便分析得再精准，他们也无法说出电热器的名字。相反，如果我们遮住他们的右眼，只让左眼观察物品，受试者则能够说出电热器的名字，不过这次，他们却无法具体说出这个电热器的构成和功能了。

从"裂脑"的研究结果可以看出，左脑是分析脑，其功能是把整体拆分为部分，它可以对事物抽丝剥茧，找到其组成部分，然后深入分析每个细节；而右脑是直觉脑，有能力把部分聚合为整体。这两种截然相反的思考过程，可以简称为"左脑思考"和"右脑思考"。

根据左右脑分工理论，左脑思考擅长处理涉及逻辑、推理和分析的任务。具体的活动包括：

- 演算公式。
- 批判性思维。
- 对具体事物的分析。
- 逻辑推理。

右脑思考更擅长处理表达和创造性的任务。具体活动包括：

- 识别人脸。
- 表达情感。
- 音乐。
- 察言观色。
- 色彩。
- 图像。
- 直觉顿悟。
- 同情心和同理心。

与此同时，我们还知道，左脑和右脑分别控制着与之方位相反的身体部位，即左脑控制右边身体，右脑控制左边身体。基于此，心理学家们发明了一个测试左右脑最简单的"双手交握测试"法——

将双手交握，看看哪根拇指在上？如果是左手拇指在上，表明你在保护右手拇指，说明你倾向于右脑思考，擅长直觉和顿悟，喜欢从宏观的角度看问题，注重事物的整体性，思考方式具有无序性、跳跃性和直觉性。如果是右手拇指在上，说明你更偏向于左脑思考，擅长分析推理，喜欢从微观的角度看问题，注重事物的分类、排列和组合。思考方式具有逻辑性、延续性和分析性。

用左脑思考的张浩

值得注意的是,"裂脑"的研究成果也支持了另一种理论:左脑思考倾向于开启做事模式,而右脑思考则倾向于开启做人模式。

张浩是物流集团公司的一名管理者,也是左脑思考的典型代表。一次,在公司委托举办的高级培训班开课前,课程顾问在把他介绍给讲师的时候,就曾嘱咐说:"他对所有事都会过度分析。"果不其然,课程一开始,张浩对任何事情都有疑问,比如课程为什么这样设计?团队结构为什么是这样的?这门课程该怎么打分?诸如此类的问题一个接一个。

张浩经验丰富,颇有见识,对待工作也是尽心尽力。但是他冷静、严谨的做事方式并不能成功地激励他的团队或者他周边的人。下属对他的评价是一丝不苟但缺乏温情,做事严谨却古板机械,注重速度却缺乏创造性。换言之,张浩就像一台冷冰冰的计算机,每天都忙着演算,忙着解决问题,却缺乏创造性解决问题的能力。由于他开启的是做事模式,所以工作效率并不理想。

用右脑来思考的张婷婷

与之相反，张婷婷是一名自由职业者，也是一个典型用右脑来思考的人，她富有爱心和同情心，也具有创意精神。不过，她也有自己的问题。她的问题是经常爽约，总给别人留下不靠谱的感觉。她的办公室乱糟糟的，文件东一堆，西一摞，毫无章法。虽然她极具创造性，在状态好的时候，可以比任何人都做得好，但是她的这种状态却无法维持，她对心理咨询师说："并不是我不想去努力，而是我从来就无法掌控自己。"

张浩的问题是缺乏右脑的热情、爱、同情心和同理心，被冷漠的理性所控制；而张婷婷则缺乏左脑的逻辑和有序。这两个案例充分说明：只用"左脑"或者只用"右脑"都会出现问题。其实，除了"裂脑人"，我们都不会只使用左脑思考，或者只使用右脑思考。只要连接左右脑的胼胝体没有被切除，每个人都能用左右脑同时思考。重要的是，我们不能人为分割左右脑，而必须将它们融为一体，在运用左脑的同时也运用右脑，在运用右脑的时候也运用左脑。这就意味着，做事与做人从来都密不可分，并没有严格的界限，我们可以通过做事来做人，也可以通过做人来把事情做得更完美、更漂亮。

但是，患有匆忙症的人在工作中，常常会强行屏蔽右脑思考，逼迫自己只使用左脑思考，所以，匆忙症患者常常具有强迫性思维，总是身不由己，停不下来。张浩就是这样，他告诉讲师，他也意识到自己在工作中的毛病——冷酷无情、毫无同情心，并将这种毛病称为"野兽"。但有趣的是，在工作之余，张浩则是一个幽默风趣、讨人喜欢的人，因为在轻松的环境下，他的右脑发挥出功能，开启了做人模式。但是一旦进入工作状态，他又恢复到老样子。

没有右脑参与的工作是机械的反应，是毫无创意的应付。

而没有左脑的参与，"跟随你的心"则会陷入混乱的内卷。

在一定程度上，内心的统一，包括左脑和右脑的统一，人为割裂左右脑的联系，实际上是割裂了内心与外部世界的联系，这恰恰是导致匆忙症最重要的原因之一。

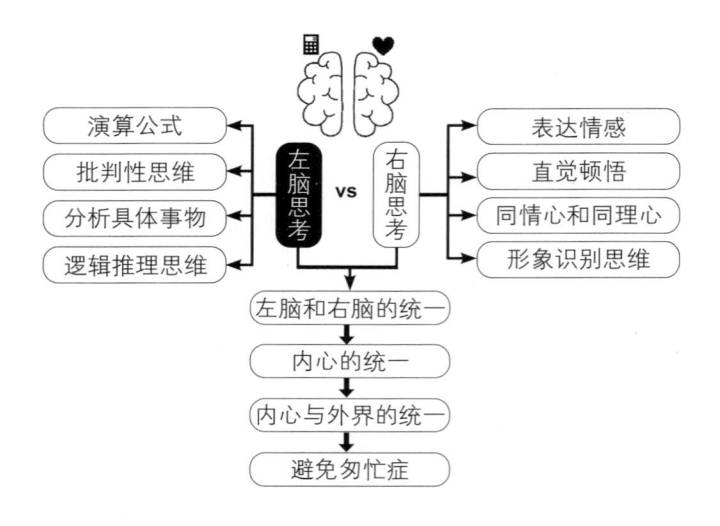

左脑思考和右脑思考的区别

匆忙症患者无法平衡左右脑的思维能力

泰勒博士的研究：左脑和右脑执行不同的任务

1996 年 12 月 10 日早上，著名脑科学家吉尔伯特·泰勒博士突发脑卒中，她左脑里的一根血管爆裂。身为一名神经解剖学家，她意识到这是一个"身临其境"研究大脑的绝佳机会，并不是每个科学家都有这样的机会。

随着病情的恶化，她眼睁睁地看着自己左脑的功能——运动、语言、自我意识等，一个接一个关闭。她不能行走，不能说话，也失去了记忆、分析和推理能力。

后来，通过手术切除了她脑中一个高尔夫球大小的血块。术后，令她惊讶的是，她竟然还活着。在母亲的陪伴下，泰勒博士花了 8 年的时间，奇迹般地复原了！她重新获得了思考、行走和说话的能力。因为泰勒作为一个脑科神经解剖学家，她相信头脑的可塑性——头脑修复的能力。

泰勒博士的传奇经历再一次证明了，左脑和右脑分别执行不同的任务。

　　她的经历意义非凡，因为她以自己的亲身感受，生动展示了左右脑的生理运作方式：左脑负责逻辑思维，是线性的、系统的，主要关注过去和未来；右脑负责形象思维，感知此时此刻。例如，当你看到一辆车，左脑（逻辑思维）会立刻说出车的品牌名称，而右脑（形象思维）显示的是车的图像。

　　通过右脑的感知，我们都是一个个互相联系的能量体，如同一个家庭，和谐地生活在一起。泰勒博士说，在她左脑反应的意识领域内，她是一个个体，一个纯粹的个体，而在她右脑反应的意识中，她是一个整体。她说："我相信，我们花费更多的时间来选择运行我们右脑中埋藏深深的和平系统，就会对这个世界产生更多的和谐，我们的星球也会变得更加安宁。"

　　当然，泰勒博士的经历本身就说明，左脑和右脑、逻辑思维和形象思维，是不能分割的。以此推论，如果只有左脑，人就会只见树木，不见森林。

　　高度左脑型思考的人在讨论任何有关右脑思考的优点时，都会立即用逻辑和分析加以质疑，但是，朋友，光靠左脑你可成功不了。那些对右脑思考嗤之以鼻的人，却通常在下班后靠散步、电影、音乐和酒精来慰藉自己忙碌辛苦的一天。

　　一个不容置疑的事实是，当信息过载之后，会迫使信息处理更加集中于左脑。持续处于信息过载的状态下，左脑的能力会被过度使用和过度开发，从而产生严重的行为后果。这就好似一个人非常热衷于拘泥细节、批评、抱怨、焦虑和烦恼，最终导致的结果是非逻辑性的右脑功能——信任、信念、希望、信仰、归属感和乐观等功能被大大削弱了。

被左脑思考控制的上校

《桂河大桥》是描述"二战"最经典的电影之一，曾经获得奥斯卡最佳影片奖。看过这部影片的人，一定会对影片中的英军上校尼克尔森印象深刻。

1943年，英军上校尼克尔森和他的属下成为日军的俘虏，被逼修建泰国西部地区的桂河大桥。作为一名英国绅士，尼克尔森固守着自己的准则，拒绝军官参加劳动，并拿出国际公约据理力争，尼克尔森和他手下的军官全被关了禁闭。

修桥的任务进行得很不顺利，英军俘虏都消极怠工。日本军官斋藤对尼克尔森软硬兼施，最终同意尼克尔森和他的军官不必卖力气干活，但他们必须指挥手下把桥在规定的五月十二日前修好。为了英军的荣誉，为了证明英国人的素质，尼克尔森带领自己的士兵在桂河上建造了一座十分精美的大桥。但是，当英国的特种部队赶来准备炸毁日军的这座大桥的时候，尼克尔森却极力阻止英国特种部队的行动，因为这座桥是他辛苦创造的作品。尼克尔森顽固地阻拦英国特种部队的行动，以至于惊动了日军，最终眼看着自己人在日军的火力下丧生。

影片最后一个镜头是，尼克尔森摸着脑袋猛然醒悟，发现自己犯了一个不可饶恕的错误，于是僵立在那里，中弹倒下，而他倒下的身体刚好撞到了炸药的起爆装置——大桥最终被炸毁。

实际上，尼克尔森就是一个被左脑思考控制了的人。他一心只想着造桥的事情，却忘记了自己最大的目标是消灭日军。倾向左脑思考的人常常就是这样，他们拘泥于具体的问题，拘泥于细节，固执己见，忽视了自己还有更宏大的理想。

虽然对于大脑的研究还有很多秘密尚需揭示，但有一个问题已经达成了共识——大脑对任何长时间的刺激会做出响应，不管是好的刺激，还是坏的刺激。也就是说，当我们被驱动型注意力所控制的时候，当我们频繁被外界信息刺激的时候，我们的左脑会非常发达，而右脑的功能却开始减退。这也意味着，如果我们每天听到的都是虚假的新闻和信息，那么我们的左脑最终也会选择相信。

耶鲁大学心理学家斯坦利·米尔格拉姆进行了一项试验，测试人们对权威的服从程度。试验的目的，是测试受测者（主要是耶鲁大学的学生）在面对权威者下达的违背个人良心的命令时，服从的意愿到底如何。试验结果出人意料，即使内心不情愿，认为明显违背人性，会造成严重伤害和痛苦，但还是有很大一部分人准备服从指示。米尔格拉姆的研究主要是围绕当时的热门问题而展开的，这个问题就是："千百万纳粹追随者疯狂地进行大屠杀，有没有可能只是单纯地服从命令？"他说："我们需要将种族灭绝视为一种神经学现象来理解。"试验结果令人目瞪口呆:"在权威之下,你只要单纯地告诉人们服从命令,就可以让他们去杀害其他人。"

神经科学家告诉我们,人脑始终具有可塑性,外界的刺激会改变大脑中海马体的构造。海马体主要负责学习和记忆,日常生活中的短期记忆都储存在海马体中,如果一个记忆片段,比如一个电话号码或者一个人,在短时间内被重复提及的话,海马体就会将其转存入大脑皮层,成为永久的记忆。

大脑会把资源用于发展那些频繁被刺激到的地方。

也许,这就是"谎言说一千遍就会变成真理"的心理学原因。

"全观",就是左脑和右脑的统一

美国作家马克·吐温究竟因何而死?长期以来,人们不明原委,只知道在一个寒冷的冬天,年迈的马克·吐温独自在大雪中站立了三个小时,结果得了严重的肺炎,不幸去世。但是,他为什么要这么做呢?后来,人们从他的文字中找到了答案。

原来,马克·吐温曾经与妻子有过一个男孩。一天妻子外出,临走时再三叮嘱他照看好还不到四个月的婴儿。马克·吐温连声答应。他把盛放孩子的摇篮推到走廊尽头,自己则坐在一张摇椅上看书,以便就近照料。马克·吐温手中的书看完了,看见孩子已经睡着,便走进屋内,又拿起一本书继续入迷地看着。当时正值寒冬，室外气温低到零下19摄氏度。由于阅读得太"专注"，这位大作家忘记了周围的一切，甚至连孩子的哭声都没有听到。当他放下书时，他才突然想起孩子还睡在走廊里。他慌忙去看，发现摇篮中的孩子早将被子踢到一边，已经冻得奄奄一息，刚来到人间的幼小生命就这样离开了。马克·吐温为此内疚不已，抱憾终身，并以在大雪中受冻来惩罚自己愚蠢的过错。

克里希那穆提在《重新认识你自己》一书中提到两个概念：全观（attention）与专注（concentration）。他认为"全观"与"专注"是不一样的，"专注"是排他的，而"全观"是整体性的觉察，它能包容一切。

当马克·吐温专心读书的时候，他所处的状态就是"专注"，这种"专注"会排斥其他的事情，甚至排斥比他"专注"的事情更重要的事情。相反，"全观"与"专注"不同，它既能让你将注意力倾注在手上的工作中，又能观察全局；既能留心外界的事物，又能对内心保持觉察。可以说，所谓"全观"，就是左脑和右脑的统一。思维的完整，既能看见树木，也能看见森林；既有局部，也有整体。

当我们"专注"于一件事情的时候，一定觉察不到另一件事情，这便陷入了隧道思维，只见树木，不见森林，我们意识不到我们是比我们更大的东西的一部分，我们不但对自我缺乏觉察力，就是对周围的环境、人物、天空中的流云、清澈的河流，都变得麻木不知。

在关于左脑和右脑的研究中，还有一个很有意思的发现，女人擅长于右脑思考，而男人擅长于左脑思考；女人喜欢直觉，男人喜欢推理；女人喜欢感性，男人喜欢理性。很多时候，男人不理解女人，或者女人不理解男人，都是因为男人和女人分别使用了大脑不同的部分。和谐美满的婚姻，无一不是经过多年的摩擦和磨砺，在这个磨合的过程中，男人学会了用女人喜欢的右脑来思考，而女人也学会了用男人喜欢的左脑来思考。

不管是倾向左脑的逻辑推理，还是倾向于右脑的形象思考，都有一定的局限性。逻辑推理在我们做抉择的过程中必不可少，它可以帮助我们分析问题，让我们看清楚问题的细节，指导我们做出理智的决定。但是，左脑思考的问题在于太理性、太僵硬、太死板，很多逻辑推理能力强大的人，没有多少生活情趣，他们可以破解世界上最复杂的数学题，却不理解别人的感情，也不知道如何表达自己的感情，从而过着非常孤单的生活。

德国哲学家康德就是一个用左脑思考的典型，他的哲学著作从头到尾充满了强大的逻辑、判断和推理，他的作息习惯也如同时钟一样精准，分秒不差，但是，正如德国诗人海涅说的那样："康德的生活是难以叙事的，因为他既没有生活，又没有历史。"同样，过度倾向于右脑思考，虽然充满激情，但问题是有激情的人从来不知道该在哪里停下来，他们常常感情用事，让生活和工作陷入混乱。

如果我们过度倾向于左脑，或者右脑，这个平衡一旦被打破，不管身体和精神，还是理性和情感，都会朝相反的方向运动，自行校正，通过一种扭曲的方式获得一种扭曲的平衡。牛津大学生理神经科学教授罗素·福斯特（Russell Foster）将这种现象称为"内衡防御"，是指我们的左脑和右脑、身体和精神之间本身就具有一种内在的平衡体系。这个体系就像一个天平，始终渴望平衡，一边的分量太重，天平就会倾斜，倾斜到一定程度，以便到达平衡。

人终其一生都在寻求平衡——身体平衡，我们才能行走；人际关系平衡，我们才会感到满足；内心平衡，我们才会感到幸福。如果内心失衡，就会通过外面的行为来寻求平衡。譬如，左脑的分量太重，内心感到焦虑，人就会通过身体的匆忙来获得平衡，无论是在工作还是生活中，都会像上足发条的机器一般，连轴转，一刻也不停止。

但是，通过外在的匆忙，我们并不能真正解决内心的失衡，沉迷在做事模式中，可以忘记时间，甚至连吃饭上厕所都一路小跑，但是由于右脑分量太轻，很难明白自己这样忙的意义和价值。这时我们是被左脑驱使的工作狂，是失去了与内心联系的机器人，是患上了匆忙症的人。

我们所寻求到的这种平衡，就像陀螺旋转时的平衡一样。陀螺本来无法直立，只能斜躺在地上，但是如果用鞭子使劲抽打，它就可以通过飞速旋转让自己直立起来，达到一种平衡。但是这种平衡是不可能持久的，当外力失去之后，陀螺就会恢复原状。如果我们希望维持这种平衡，就必须不断旋转，不断忙碌，不断依靠外在力量，当我们不遗余力向外索取的时候，我们也就牢牢被占有欲所控制，最后的结局便是，内心更烦躁，更紧张，更易怒，更焦虑，更忐忑不安、诚惶诚恐，当然，也更不平衡。

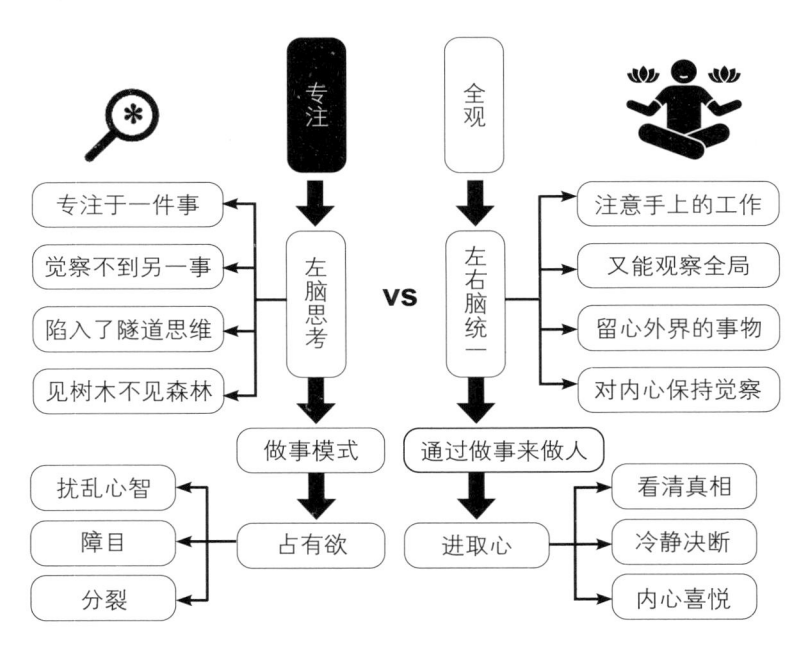

```
专注                                          全观
  ↓                                            ↓
专注于一件事 ┐                              ┌ 注意手上的工作
觉察不到另一事 ┤  左脑    vs    左右脑      ├ 又能观察全局
陷入了隧道思维 ┤  思考         统一         ├ 留心外界的事物
见树木不见森林 ┘                              └ 对内心保持觉察
              ↓                              ↓
           做事模式                      通过做事来做人
              ↓                              ↓
扰乱心智 ┐                                    ┌ 看清真相
障目    ├  占有欲                   进取心   ├ 冷静决断
分裂    ┘                                    └ 内心喜悦
```

全观与专注的区别

执着于结果的占有欲有三大危害

在做事模式中，我们的内心时刻处在一种紧张和焦急的状态中，一心想要尽快完成工作，这时我们实际上是被占有欲操控着。

在做人模式中，虽然我们也会努力做事，但最高目标则是通过做事来提升自己，让自己变得更成熟，格局更宏大，人性更美好。这时我们的心中没有占有欲，满满的都是进取心。

在这里，我们有必要区分一下占有欲与进取心。

过去，人们一直认为"欲望"具有极大的破坏性，会让人走向痛苦和犯罪，一些人采取的办法是斩杀欲望，清除欲望，他们过着苦行僧似的生活，努力做到清心寡欲。但是欲望如同荒原上漫无边际的芳草，野火烧不尽，春风吹又生。与此同时，很多智慧的人发现欲望实际上是一种复合状态，有一部分确实具有恶劣的破坏性，但是在熊熊燃烧的欲望中，还有另一部分能量，蕴含着"决心"以及"坚定的意志"，包含着对人性中高贵特质的追求，这种能量能引领我们走向优秀和卓越，锻造我们最纯粹、最具人性的品质。伴随着这样的认知，人们看清楚了欲望这种能量是由两部分组成的：占有欲和进取心。

占有欲是欲望中具有破坏性的那一部分。

所谓占有欲，就是将注意力紧紧瞄准外面的东西，想要攫取，是对外在目标的执着，是对结果的担心和焦虑。例如，在做事模式中，虽然人们将注意力集中在眼前的工作上，但心中却不免产生这样的想法：

"我的工作进展如何，能不能按时完成？"

"我有没有落后？"

"如果做完这一单,我不仅能获得上司的表扬,还会获得一大笔奖金,可是如果出了什么纰漏,一切就全完了!"
……

对任何目标的执着都会降低行动的效果;

任何形式的在乎结果都会扰乱心智;

任何沉迷于下一刻能否得到的想法,都无法让你集中注意力,无法把所有精力完全运用于手头的工作。

所以,总想着结果,人永远无法全神贯注于当前的任务,最终沮丧地发现自己转了一圈,又回到了起点——本来我们想集中注意力于眼前的工作,结果又回到了分心走神的状态。

在做事模式中,执着于结果的占有欲有三大危害:第一,扰乱心智;第二,障目;第三,分裂。下面,我们来仔细考察。

第一,扰乱心智。

如果观察一个处在做事模式中的人,我们很容易发现他有这样一种心态——迫不及待想要尽快完成任务。这种心态常常会扰乱心智。你可以试一试:坐下来想一想,当自己想吃冰激凌,或者有了性欲的时候,注意一下那时大脑思维的质量,是不是很疯狂?因为这时你的大脑是眩晕的、不安的、焦虑的,或者用瑜伽的话来说是"过热的"。

第二,障目。

在做事模式中,陷于占有欲的人,他们的头脑是不清醒的，常常一叶障目。当我们的头脑陷于对某一特定目标或结果的执着当中，则该目标对"大脑"来说，怎么看都是好的。比如说，当你想要吃一大碗冰激凌时，那碗冰激凌怎么想怎么好吃。在那些充满欲望的时刻，我们看不到那碗冰激凌肯定有好处也有坏处。所以，在"欲望熏心"的时刻，头脑看不到灰色区域。陷入欲望的头脑不会做出正确的抉择。在这些时刻，便是通常所说的"被障蔽"了。

第三，分裂。

在做事模式中，执着于目标的占有欲会让我们的内心陷入分裂，这一点尤其重要。因为占有欲强化了主体与客体之间的分离，例如，"我"是主体，"冰激凌"是客体，当"我"在做事模式中被占有欲控制，即"我"特别想占有"冰激凌"的时候，"我"与"冰激凌"之间也就产生了一种张力，这种张力会导致内心的分离，让我们出现这样的想法——"得到冰激凌，我就是完整的；得不到，我就不完整，就会有缺失、空虚和不充实的感觉"。

为什么很多人在物质上获得了很多，在精神上却很空虚？

根本原因就是，占有欲放大了我们与目标物的分离感，增强了想要的强度，以致主体陷入"想要—得到—又想要更多"这样一个无限重复的循环当中。在这种状态下，内心永远没有"安全感"和"完整感"，陷入了永远分裂与空虚的诅咒中。

不过，在欲望的花园中除了占有欲，还有进取心，而在做人模式中，激励我们前行的正是"进取心"。

"进取心"不带有任何痛苦成分，也不会干扰人的心智，它带来的是内心更深层次的安静和喜悦，以及一种冷静睿智的决断。在"进取心"中，也没有"一叶障目"，而是培养让自己看清楚真相的能力，帮助我们逃离执着于结果的占有欲。在这种状态下，没有所谓的"分心"和"分裂"，更深层次地凸显了内心的完整和统一。

在做事模式中，我们被占有欲控制，竭力向外扩张，向外索求，欲壑难填，内心却越来越空虚。圣雄甘地说："这个世界可以满足每个人的需要，却无法填满每个人的欲望。"

在做人模式中，"进取心"让我们的心中充满能量，充满决断，充满自我实践的深层次、热烈的追求。正是这种能量，引领着我们不遗余力去追寻真理，追寻美丽，追寻完整的人性以及有意义的人生。

当然，做人模式离不开做事，但又不会仅仅停留在做事上，它是通过做事来做人，正如纪伯伦所说："通过工作来热爱生命，就是领悟了生命最深的秘密。"

被左脑控制的人，沦为"冷血的机械人"

在一个周末快下班的时候，保险公司的业务主管李娟终于忍不住咆哮起来："所有组员，把这个月的业绩汇报一下。没有业绩的没有工资！"

李娟是一个只在乎结果，不在乎过程的女强人，她要实现年薪 100 万的目标，于是就通过招聘的形式，建立了 50 名业务员的人力架构。为了实现自己的目标，她天天游走在业务员身边不停催促他们出单："有问题自己解决，我只对结果感兴趣，你们实在不出单，就自己买了。"

业务员被她搞得神经十分紧张，总担心自己哪里做错了又被主管批评了，根本没有精力好好跟客户解释保险的产品和服务条款。

这时的李娟被左脑控制，开启做事模式，只想着能够通过业务员的努力，获得高额间接提成，天天催逼业务员出单。可她万万没有想到，上个月这些业务员全军覆没，没有一个人出单。如果李娟发现组员遇到困难时，能安抚一下团队的情绪，大家一起想办法，深入一线了解客户需求，推销适销对路的保险产品，就不会有这么惨的结果。

对结果的执着，意味着对计划和目标的执着，我们将大量时间花在对目标的分析上，把一个大目标拆解成若干个小目标，以及不同的步骤，左脑开足马力，沉迷在分析和逻辑推理的世界中，陷入做事模式，而右脑的功能微乎其微。这时我们更像是一台忙碌的计算机，而不是有血有肉、有精神、有灵魂的人。

人们一旦被左脑控制，开启做事模式，就会像计算机一样去思考，成为"冷血的机械人"。因为在做事模式中，我们的右脑被屏蔽了，没有了价值观，没有了同情心，也没有了对结果的敬畏之心。

苹果公司CEO蒂姆·库克所说的"没有了对结果的敬畏之心",应该有两层含义:一是,在做事模式中,人像冷漠的计算机一样失去了人性,失去了温情,不计后果;二是,很多时候,结果并不是自己所能控制的,会受到各种各样因素的干扰。我们应该怀着敬畏之心坦然接纳结果,如果执着于结果,对结果耿耿于怀,我们就会陷入对结果的昏眩,很难发挥出生命的激情和旺盛的创造力。

在乎结果的结果,是没有好结果。

人工智能方面的教授肯尼斯·史丹利(Kenneth O. Stanley)在《为什么伟大不能被计划》一书中说,假设我们给机器人设定一个目标,让它自行走出迷宫,如果机器人越快走出迷宫,就能获得奖励,离目标越远就会遭受惩罚。结果在40次实验中,只有三次机器人成功找到出口,剩余的37次,机器人都走到了距离出口很近的死胡同。从位置上看,它们距离目标很近了,但始终无法找到出口,而且机器设置的奖惩机制还会阻碍机器人调整方向,也就是说这些机器人被困住了。

肯尼斯·史丹利教授发现,这些机器人停滞不前的原因是对目标太执着,执行得太僵化,太死板。于是他调整目标设置,不让机器人尽快走出迷宫,而是鼓励它们不要在乎结果,尝试以新奇的、有意思的方式去寻找出口。结果机器人走出迷宫的成功率大大提高,在40次实验中,机器人成功了39次。肯尼斯·史丹利教授对机器人的研究对人类有重要的影响,他揭示出一个颠扑不破的事实:如果只用左脑思考,执着于设定的目标，我们往往会遭遇失败。

　　当在乎结果成为我们心中挥之不去的顽固念头之后，当我们对期盼的结果具有强迫症的倾向之后，当我们屏蔽了右脑思考，只用左脑思考沉迷于做事模式中之后，我们也就不能发现许多比目标更美好的东西已经迎面向我们走来。相反，如果我们能够充分发挥左右脑的功能，不在乎目标，而是追求新奇和有意义的事物，往往会得到意想不到的惊喜。

　　例如杜邦公司计划发明一种新型制冷剂，他们的计划失败了，却意外地发明了不粘锅。美国辉瑞制药公司原本制定了一个目标——开发一种治疗心绞痛的新药，他们的目标并没有实现，却意外发现失败的产品具有一种神奇的副作用——壮阳。失之东隅，收之桑榆，他们发明了"伟哥"。而当今世界上最大的视频网站YouTube成立之初，也仅仅是一个约会网站。这样的故事比比皆是，大到射电天文学、X光、心脏起搏器、手机短信，小到轮胎、超能胶水、微波炉等，莫不如此。

　　过度关注工作目标无疑会阻碍我们的进步。

　　长期以来，人们对"坚持"推崇备至，不可否认，"坚持"是一种良好的品质，很多时候，我们的失败都是由于蜻蜓点水、浅尝辄止，一遇到困难就退缩。但是，我们也要警惕，"坚持"很容易给我们带来危害，尤其是当"坚持"变成一种执着、固执，或者一种强迫性的倾向之后。

　　美国心理学教授玛杰里·卢卡斯（Margery Lucas）通过实验证明，坚持的确会带来负面的影响：那些执着于手头任务，坚持不懈的人，往往会因为过于雄心勃勃而事倍功半。

这位心理学教授让400人分别进行了3组实验，其中一组是20分钟的填字游戏。在这些填字游戏中，有些是根本不可能填出来的，有些是难度极大的，对于这些试题最明智的处理策略就是放弃，跳过去。在测试前，这些人也被告知，为了尽可能多地做题，你可以放弃一些题目。最后的结果显示，那些此前在坚持环节的评估中得分较高的人，总是想要尝试做出所有的题目，而不会选择放弃一些题目，从而陷入僵局。他们最后的得分也总是最低。

这些实验心理学研究说明，努力坚持并不一定能获得很好的结果，常常会让我们付出沉重的代价，玛杰里·卢卡斯教授称其为"昂贵的坚持"。荀子说："大巧有所不为，大智有所不虑。"意思就是说，能工巧匠不去做那些不能做的事情，智慧的人不去考虑那些不能考虑的事情，沉迷在"永不放弃"的信念中，误以为付出得越多，得到的就越多，最后只能是自欺欺人。

不管是肯尼斯·史丹利教授的机器人研究，还是玛杰里·卢卡斯教授的心理学实验，他们都殊途同归，证明了一个真理——伟大不是计划出来的，目标也仅仅是个虚无缥缈的神话，伟大的事情永远不会按照你的计划和目标出现，如果我们花在计划和追求特定目标上的时间越多，我们达成伟大目标的可能性就越小。

第3章

匆忙症的心结:
不是真忙,而是掩饰空虚

匆忙者一事无成，真忙者慢慢实现目标

张健的"快"变成了"慢"

周末的时候，在市郊发生了一起重大交通事故。张健是一名报社记者，他闻讯后火速赶往现场，要第一时间"抓住一些猛料"。

张健做事快、走路快、说话快，给人的第一印象是雷厉风行，精明能干。但是与他接触的时间一长则发现，他容易激动、做事主观。例如，张健经常没等别人把话说完，就急忙打断对方。

在这次交通事故的报道中，一同前往的同事王宇经过与现场人员的交流，想要与他分享自己的采访心得，刚开了个头，还没进入主题。

张健看了一下现场，发现路面十分湿滑，他就说："噢，王宇同志，你是不是想说这起交通事故的起因是雨天路滑……"然后，张健就滔滔不绝地表达自己的观点，根本不容王宇把想

要说的话说出来。

张健的这种习惯也给他自己惹了不少麻烦，结果他写出来的报道不实被人投诉，因为那起交通事故的起因不是雨天路滑，而是由于车主在车内亲吻女友造成的，公路边的摄像头记录了一切。

在很多报道中，张健不是误解了别人的话，就是写错了新闻发生的时间和地点，或者把一件事情与另一个人混为一谈。

实际上，张健的这种"忙"，就是匆忙。在匆忙中，虽然他的反应和行动都很快，却只停留在事情的表面，根本无法做出深入细致的采访和报道。

张健的"快"结果却成了"慢"。

"快"与"慢"既对立，又可以相互转换，有时候"快"就是"慢"，而有时候"慢"又恰恰是"快"。

大街上疾步如飞的行人，高速公路上风驰电掣的车辆，机场上频繁起降的航班……这些都是忙的表现。

忙，并不是一件坏事，它是繁荣的象征，是社会充满活力和生机的表现，懒洋洋的社会注定是死气沉沉的，而磨磨蹭蹭的人也很难迸发出生命的激情。德国哲学家康德说："越是忙，越能强烈地感到我们是活着的，越能意识到我们生命的存在。"

然而，细分起来，忙有两种：匆忙和真忙。

在忙忙碌碌的人群里，有些人是真忙，他们每天一早从床上跳下来，就热情洋溢地投入生活，而有些人则是匆忙，就像前面介绍的贸易公司的采购人员王璐、装修公司的部门经理杨军和美容美发师赵敏一样。

为什么我们无法控制自己的匆忙呢？首先我们要知道，匆忙能带给我们什么：

第一，"这样才能进步"的幻想。

第二，虚假的优越感和可控感。

第三，减缓焦虑感。

真忙与匆忙的真正区别

迄今为止，人类制造出的最快的飞行器是什么？

无疑是美国德莱顿飞行研究中心所开发的极音速飞行实验机——X-43A。

这种飞机的速度高达1.12万千米/时，也就是说从美国洛杉矶飞到中国北京所用的时间还不到一小时。

2014年4月18日，在爱德华空军基地，负责该计划的执行官乔尔·西兹拉在对外展示X-43A飞机模型时，说了一句意味深长的话："快的东西，都是不慌不忙造出来的！"

1996年，X-43A有了雏形。

1999年，制造出X-43A飞行模拟器。

2000年，X-43A进行地面试验。

2001年6月2日，X-43A第一次升空，几分钟后就掉进太平洋，首飞失败。

2004年3月11日，X-43A再次试飞，以1万千米/时的速度划过蓝天，最后燃料耗尽，掉进太平洋。

2004年11月16日，X-43A又一次升空，以1.12万千米/时的超高速飞行，飞到离地表35千米以上的高空，实验获得了成功。

在长达8年的时间里，这些科学家夜以继日，抓紧时间，慢慢地赶路，努力地奔向目标，他们的忙是真忙。

忙，是指我们反应和行动的速度很快，一刻也不耽搁，是指我们一直在做事情，一刻也没停止。但是，有时候，忙确实能够提高做事效率，而有时候则适得其反——越忙越乱，越乱越忙。究其原因，前者是真忙，后者是匆忙。

真忙的人，通常都是耐得住性子的人，他们会坚定不移地前行，即使遭遇失败，也能从中总结经验教训。相反，对匆忙的人来说，很多事情还没来得及过脑子，他们便慌慌张张投入行动；很多问题还没看清本质，他们就武断地做出判断和决定。在越来越快中，他们就像一台机器对生活和工作中发生的事情迅速做出机械而僵硬的反应，却不知，他们反应得越快，事情越糟糕。所以，匆忙的人总是在匆匆忙忙中开始，在手忙脚乱中行走，在垂头丧气中结束。

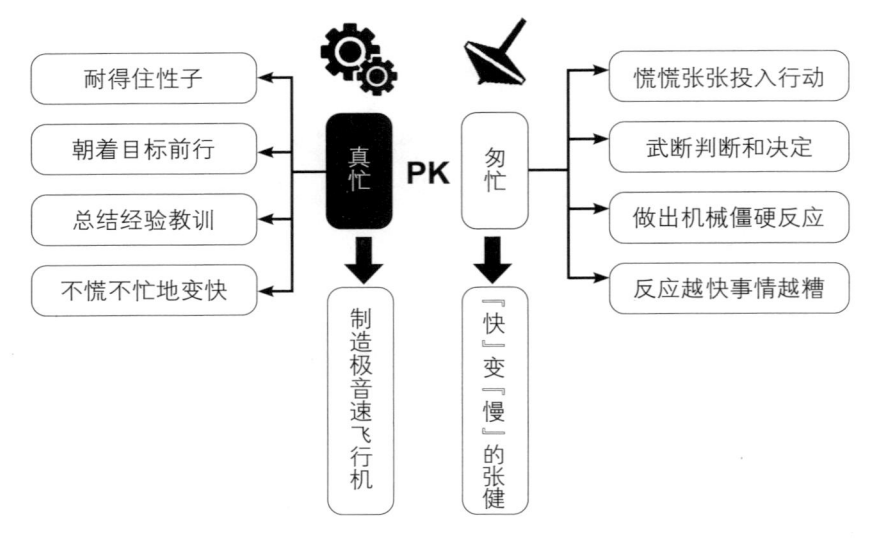

```
耐得住性子 ──┐
朝着目标前行 ──┤ 真忙  PK  匆忙 ├── 慌慌张张投入行动
总结经验教训 ──┤                ├── 武断判断和决定
不慌不忙地变快 ─┘                ├── 做出机械僵硬反应
                                  └── 反应越快事情越糟
         ↓                ↓
    制造极音速飞行机   "快"变"慢"的张健
```

真忙与匆忙的区别

英国公司特别的招聘笔试

英国一家广播公司计划招聘一批新员工，有近百人参加笔试，试题是这样的：

笔试题（限时 3 分钟做完）——
1. 请认真读完试卷。
2. 请在试卷上写上自己的名字。
3. 你毕业于哪所学校？
4. 你为什么要为我们工作？
5. BBC 成立于哪一年？

6. 你最喜欢的BBC纪录片有哪些？

7. 你最感兴趣的事情是什么？

8. 你希望你的同事是什么样的人？

9. 你认为自己是什么样的人？

10. 你认为机器人最终会取代你的工作吗？为什么？

11. 请写出英国最美的10个乡村小镇。

12. 请写出英国历史上的10位名人。

13. 请写出莎士比亚10部作品的名称。

……

不少应聘者匆匆扫了一眼试题，就马上拿起笔做题。3分钟，太紧张了。

时间到了，只有三个人在3分钟内完成了试卷，其余的都因为超时被淘汰出局。被淘汰的应聘者抱怨道："这么短的时间，怎么能完成如此多的题目呢？"

考官微笑着对他们说："很抱歉，不过，你们可以把试题带走，再仔细看一看。"

应聘者们纷纷拿起未做完的试卷往下看，只见题目是——

……

19. 你认为"真忙"与"匆忙"有什么区别？

20. 如果你已经看完了题目，请只做第2题。

这家广播公司的案例提醒我们，在没有看清楚全部事情前就匆忙采取行动，难免徒劳无益。

有一位部门管理者曾告诉我们，他从来没见过一个匆忙的人能够获得多大的成就。每次他布置完工作任务，有些员工回到座位上，身子还没坐稳，便开始忙活起来，打电话、查资料、写文档，弄得全办公室只能听见他们的声音。而有些人则要花时间思考一会儿才开始动手，过程也从来不会搞得那么热闹。看起来前者工作热情很饱满，做事很积极，却收效甚微，而后者往往能够保质保量地完成工作。

正如谚语所说的那样："急火煮不出好饭，慢火才能熬出美味的汤。"

真忙是思维专一，匆忙是思维劈腿

真忙的首席执行官

王博是一家制造公司的首席执行官（CEO），他管理着一千多名员工，以及上百亿的资产。他每天都很忙碌，是人们所说的"大忙人"。有记者曾经有幸与他一起度过一天——

早晨：我们一起从市中心出发，到郊区考察一家工厂。

上午：乘车返回市中心，他要接受一家媒体的采访。

中午：到高尔夫球场，参加一场由公司赞助的比赛。

傍晚：参加一个慈善晚宴。

晚上：收发信息，处理邮件。

在这期间，记者还要见缝插针，问他一些问题。

尽管对王博来说，这一天非常忙碌，但他却处理得井井有条，一点也不紊乱。他给记者的印象是——

·精力充沛。

- 充满热情。
- 广纳建议，善于倾听。
- 擅长鼓舞人的斗志。
- 幽默风趣。

在与王博零距离的相处中，记者明白了真忙究竟是什么样子。

真忙是在做每一件事情的时候，都能够全神贯注，不会被外界的事情所干扰。虽然王博带着手机，全天都没有关机，但是在考察工厂和接受采访时，他都会把手机调到静音，并放在车上。他对记者说："我在考察工厂时，只想与工厂有关的事情，不会去想几个小时后的采访和中午的高尔夫球赛，而我在接受采访的时候，也只会专心致志回答对方的问题，不会去想早上考察工厂的事情。"

对这一点，记者的感受很深，因为在记者见缝插针问他问题时，他会迅速切断正在想的事情，转过身来，面对着记者，聚精会神地听，聚精会神地回答，虽然时间很短，也许只有十几分钟，或者几分钟，但是，他的回答却认真、准确和深入，没有让记者感到是在敷衍了事。

所以，真忙是在一定时间内只做一件事情，这样的忙，紧张而有序，忙碌而充实。

一般人可能没有像首席执行官王博那样忙，所以我们要认真对待每一件事情，学会拥抱真忙，避免匆忙！

真忙，是在一定时间内尽量把全部精力投入其中，全神贯注，聚精会神。对于这种状态，我喜欢称之为"思维专一"。

所谓思维专一，并不是说他们的脑子只能装下这一件事，而是他们要求自己在一定时间内目标唯一，只做一件事，只拥有一种身份，所有的精力只为了这唯一的目标而努力。

与之相反，对于思维不专一的匆忙，我喜欢形象地称之为"思维劈腿"。

所谓思维劈腿，并不是说一个人在感情上存在问题，而是指他的内心不专一，心猿意马，分心走神，脑子里总会同时运转好几件事，件件事情都要兼顾，却无法全身心投入其中任何一件。

举个例子来说，将10件待办的事情摆在匆忙症患者面前，他们会同时将10件事情全部摁下启动键，接下来的时间，他们便会不断在这些事情之间来回穿梭游走。比如一会儿查询一下国庆假期的机票，一会儿又和同事讨论一下怎么完成报表，一会儿再思考一下今天的晚餐吃些什么。他们最大的问题是，手里打着字，脑袋里却盘算着其他的事情，哪件事都完成得半半拉拉。如果你劝他先做好其中一件事，他准会面露难色，因为觉得件件都必须去做，放着哪个不管都不好。

而将同样的事情摆在真忙的人面前，他们会先将10件事情从头看到尾，按照事情的轻重缓急权衡出一个处理的先后顺序，然后按照这个顺序去依次实施。但是，无论排在后面的事情有多少，在一定时间段内，他们都只会全情投入到一件事上，其他事情则需要统统为之让道，只有这件事情告一段落，他们才会将目光转移到下一件事。与匆忙相比，实际上真忙的人需要处理的事情一点也不少，但他们却忙得很有章法，从不自乱阵脚。

Facebook 公司有一个著名的内部高效工作指南，其中便有数条涉及思维专一：

"保持专注，一心一用。"

"不要多任务，这只会消耗注意力。"

"在有效的时间内，我们总是非常专注并且有效率。"

与之不同，匆忙最大的问题是思维劈腿，分心走神，不能集中精力完成一件事情，致使所有的事情都成了烂尾工程。

匆忙的杨燕无法完成 PPT

杨燕是一名公司员工，她每天都很忙，但她不是真忙，而是匆忙。

一个周五的下午，杨燕要完成一个重要的 PPT，离下班还有两个小时，而 PPT 计划一个小时就可以完成，时间很充裕。当工作进行到一半的时候，突然手机"叮咚"一声，提示有新信息传来。她本不想理睬，但猜想肯定是闺密有事找她，便忍不住拿起手机一看，果然是闺密发来的信息。闺密询问杨燕何时下班，明天是她的婚礼，所以希望杨燕下班后能尽快来陪她，帮忙筹划婚礼的具体事宜。她匆忙回复了信息，然后想要将注意力切换回工作中来，但不管怎么努力，还是有一部分注意力停留在了闺密的信息中。

她一边做着PPT，脑海中却时不时闪现出这样的念头：我最好的闺密明天就要结婚了，我今天可不能迟到！想到这儿，杨燕心中不免慌乱起来，制作的PPT频频出错。

由于慌乱，她的工作效率大大降低，本来计划一个小时完成的工作，结果忙碌了两个小时还没做完。

在今天这个信息爆炸的时代，许多人都面临分心走神的问题。当同事和客户回邮件给你、上司打电话给你、孩子发短信给你、朋友发即时消息给你的时候，你是否还有能力把一件正在做的事情做好。在过去，别人并没有那么容易联系上你，无论你身在哪里、时间如何，你用不着承受这么多外界刺激，而现在，你随时都要应对邮件、短信、微信、留言，以及别的什么新鲜玩意儿。当这些信息扑面而来的时候，什么都来不及看清楚，在分心和匆忙中，我们做事的效率自然会降低。

匆忙的人总是会被手机传来的各种信息和邮件干扰，从而分心走神，让思维劈腿。他们思维奔逸，无法把注意力停留在当下。而真忙的人，例如前面提到的首席执行官王博，则会专门安排时间聚精会神处理信息和邮件。他对记者说："虽然回复信息和邮件稍微晚一些，但总比三心二意敷衍要好。"

"短命的"职业经理人

经过猎头公司的一番包装，孙伟意气风发地空降到一家连锁餐厅，做了职业经理人，年薪百万。

孙伟走马上任之后，开始进行大刀阔斧的改革，为了减少成本，他把中层直接砍掉，要求基层员工直接向他汇报。

没有了中层岗位之后，孙伟要处理的事情越来越多，变得异常匆忙，他每天同时做人事管理、财务管理、日常管理、经营管理、质量管理、设备管理、安全管理和治安管理。

早上，只要他走进办公室，就有七八个员工尾随着涌进办公室找他。

"牛厨师要涨工资，到底要不要涨，涨多少？"人事专员问道。

"上个月欠的粮油采购费，本周能否支付？"财务人员问道。

"公司的货车坏掉了，是否要租车？"司机问道。

"研发的新菜品成本很高，要不要提价？"菜品设计人员问道。

"油快用完了，是换更好的，还是继续用原来的？"采购人员问道。

"楼顶的太阳能锅炉坏掉了，是修还是换？"行政人员问道。

"昨晚有顾客吃饭时突然呕吐，家属向我们索赔。不知道是食物安全问题，还是顾客本身的问题。"安全员汇报情况。

"有客户的笔记本电脑弄丢了，要求查看监控，不然就要报警。"保安汇报一件急事。

孙伟听完员工们"吵吵嚷嚷"的汇报之后，他的脑子里，不是装一件事，而是装下了八件事。由于孙伟同时想得太多、太杂，没有分清轻重缓急，他开始变得匆忙、紧张、焦虑、狂躁起来。

孙伟语无伦次地回复说："这个嘛……唉……你们非要找我，你们不能自己解决吗……你看，昨天的事情我还没有解决完，今天又有一堆事情……那个谁呀，你回去问问牛厨师他想涨多少工资……客户弄丢笔记本电脑也要找我们，当我们是冤大头吗……锅炉坏了就修呗，这么多次都可以买新的了……研发新菜品谁能把成本降下来我就叫他一声爷爷……货车坏掉了先自己修吧，不能修再说……"

孙伟同时关注八件事情，脑子里轰然炸响，想来想去，件件事情都要兼顾、都要办理，他根本无法全身心投入其中任何一件事。孙伟每天看起来"日理万机"，结果沟通来沟通去还是没有解决什么问题。第二天，员工们继续涌进他的办公室找他……

就这样，孙伟比以前更加匆忙，餐厅管理完全失控，业绩不断下滑。两个月后，迫于经营压力，身心俱乏、怀疑人生的孙伟不得不辞去职业经理人的职务。

所以，思维专一和思维劈腿，是区分真忙还是匆忙的关键。英国著名作家切斯特·菲尔德说："一次只专心于一件事情，那么做完所有的事情只要一天就够了。而同时关注两件事情，一年的时间也不够用。"

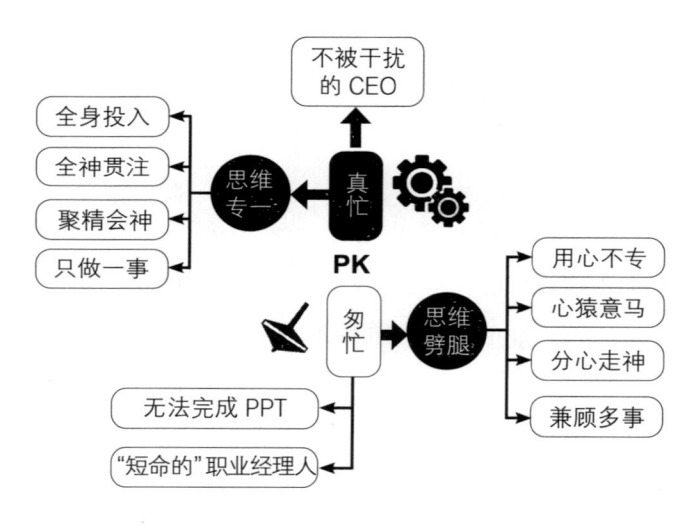

思维专一与思维劈腿

匆忙是疲于应付，真忙是努力创造

匆忙、伤感的"社区服务"

鲜红的太阳照常从东方升起，透过小区的楼宇洒下道道金光。有一位中年人驾驶着电动自行车缓慢地开进小区，车后面装着一个大箱子，里面装满了快递、生鲜肉菜和日用品。

这位中年人叫卓志诚，今年40岁了，此前一直做商场招商的工作。前段时间遇到公司裁员，他一下子没有了收入来源，身陷中年危机，感到非常地落寞和无助。

有一天，卓志诚在小区附近转悠，发现有很多业主没有时间收发快递。于是，他就花几百元租了一个社区的内铺，专门为小区业主提供收发快递的服务，代收快递1元，代发快递2元，上门服务加收1元。

很快，卓志诚就和"四通一达"（中通、圆通、汇通、申通、韵达）达成了合作关系，由他负责在小区内揽件、派件。一开始，没有多少快递的业务，为了增加收入，卓志诚又做起了社区团购和士多店。

就这样，一个店同时做三块业务：收发快递、社区团购和士多店。

卓志诚开始变得匆忙起来，他一边在微信群里发社区团购的菜品信息，鼓动业主下单，一边收发快递，按顺序整理，还要时不时招呼店里买东西的顾客。

业主催要的急件，他就要骑着电动自行车出去收发快递、送菜和日用品。

由于每时每刻都要想着和操作这三块业务，所以，卓志诚总是疲于应付、顾此失彼。

有时候业主的快递被签收了、丢件了，快递公司处理起来非常麻烦，很多时候卓志诚要自己赔偿。有时候业主在社区团购平台下单后，不满意要退货，卓志诚没有及时处理，不仅被平台罚款，还被业主谩骂。有时候卓志诚刚出门送货，老顾客又打电话来说已经在店外面等着买米下锅……

卓志诚原本想着为小区业主多做点服务，可以多挣点生活费，没想到，自己匆匆忙忙，全天不休，却一块业务也没做好，不仅没有挣到钱，还得到了满满的伤感。

这里，一店同时做三块业务，卓志诚的忙就是匆忙。

后来，卓志诚通过学习摆脱匆忙症的方法，发现在一定时间内只能做一件事，而且要把全部精力投入其中，努力创造，这样才能把事情做好。

于是，卓志诚做出了调整，上午9：00—12：00他只做收发快递业务，下午13：00—18：00他只做士多店业务，晚上19：00—22：00他只做社区团购。经过这么一调整之后，业主的投诉马上减少下来，他的作息变得有规律起来，他开始挣到越来越多的生活费。

匆忙是机械的忙，疲于应付的忙，这样的忙会把活生生的人变成机器，失去最宝贵的激情和创造力。

而真忙在聚精会神之中，能够最大程度地激发人的激情和创造力。

著名导演托尼·帕尔默说："匆忙是对生命毫无意义的消耗，而真忙是对生命意义非凡的创造。没有人一方面处在匆忙的状态中，一方面还能创造出好的作品。伟大的作品之所以伟大，不是在不假思索的匆忙中一蹴而就，而是在静静思考中逐渐形成的。"

现在，随着移动互联网的突飞猛进，生活和工作的环境都发生了巨大的变化，在流动的世界中，人难免不发生颠簸、碰撞和挤压，也难免不变得匆忙。下面这个表格，清楚地说明了这一点：

2000年	2020年
工作是一个地点	工作是一个过程
工作很稳定	工作很易丢失且不稳定
技术统治论者处于幕后	技术统治论者处于董事会
上班时间是从上午9点到下午5点	随时都得工作
在办公地点才能办公	任何地方都可以工作
职业规划是长期的	职业规划存在更大的不确定性
具有国家性	具有国际性

续表

2000年	2020年
注重工作经验	注重年轻活力
报纸是主要消息来源	网络是主要信息渠道
市场研究数据	大数据
使用个人简历或者邮件申请工作	商务化人际关系网提供个人信息
上班须穿正装	上班着装随意
单向交谈	全体参与
年薪	季薪
一年换一次工作	一年换四次工作

生活和工作的变化超出了所有人的预料。在这种环境下，越来越多的信息在吞噬和分散我们的注意力。我们变得越来越匆忙，越来越没有耐心。因为当我们处于信息高压状态中时，就会产生无法停止的数据流，超负荷的心态，最终会养成一种匆忙的习惯。这也导致了一种十分常见的现象：人们无论到什么地方都要带着移动设备，防止自己被世界遗忘，或者"错过"什么信息。

智能手机成为匆忙人群的新器官

为了适应环境的变化，智能手机似乎成了人类的一个新器官，须臾不离。我们会在上厕所的时候发信息，在公交和地铁上阅读邮件，但是，当各种各样的信息源源不断涌来的时候，我们也承受了巨大的压力。

其中最大的压力之一，就是无端被打扰，让我们分心走神，疲于应对。例如，当我们正在进行重要的谈话时，手机

APP 推送的信息会强行闯入，无情地扰乱我们的思路。甚至晚上床帏之间，当我们正在与恋人亲热的时候，那些信息的提示音也会不识趣地响起，以至于"性趣"全无。

人在频繁遭遇打扰的情况下是很难集中精力做事的。更糟糕的是，这还会给人带来一定程度的压力，让人产生一种一切都失控了的无力感，进而让我们变得更加匆忙，失去创造力。

不仅如此，由于内心的无力感，患上匆忙症的人心理状态很不稳定，他们容易生气、激动，或者盛气凌人，或者冷酷无情，或者狂躁鲁莽，让人觉得害怕，不愿意亲近。一位匆忙症患者对心理咨询师说：

在匆忙中，我停止了思考，也失去了美好的感觉，常常陷入烦恼、愤怒、怨恨、恐惧、沮丧、失望和自责之中。我与家人和朋友的关系岌岌可危。我迷失了自己，却不知道为什么会走到这一步。我不知道到底发生了什么。最令人伤心的是，除了我自己之外，似乎没有人懂得我的感受。我的困境是一桩秘密。

科技的发展是为了帮助我们过上更美好的生活，并不是要把我们变成机器。

匆忙症的可怕之处就在于，它会令我们的心变得支离破碎，活在一套固定的程序里，它会让我们变得机械、麻木，失去创造力，甚至失去人性。

匆忙是空虚，真忙是充实

内在的空虚和虚荣心，导致匆忙

在时代的喧嚣和躁动中，到处都是令人眩晕的匆忙，我们成了日子的奴隶，被时间切割成碎片，对成功的炙热追求，让灵魂感到窒息，让自我消失。

匆忙的人毫无存在感，因为他们不知道自己究竟为什么而忙，只知道自己不得不忙。如果不忙，他们就会感到空虚、寂寞、孤独和痛苦。如果不忙，他们就会感到自己没有价值，在别人眼中也一钱不值。

外在的匆忙除了内在的空虚之外，还有一点，是内在的虚荣心。

虚荣是表面的热闹，内心却不够温度。有人说过，虚荣就像在高原上烧水。在海拔 4000 多米的高原上烧水，水只烧到 80 多度就会沸腾，但这样的"开水"不能把饭菜煮熟，也不能杀死某些细菌，那外表上看起来沸腾不止，却难以掩盖内心的冰凉。

克里希那穆提说："人只要一涉及面子问题，就不可能接近那无限的、不可臆测的实相了。"实相就是真相,包含内心的真相,也包含外物的真相。而虚荣心就像一座大山横亘在中间,既阻断了我们与内心的联系,也阻断了我们与外部世界的联系。

法国哲学家亨利·柏格森说:"虚荣心很难说是一种恶行,然而一切恶行都是围绕着虚荣心而生,都不过是满足虚荣心的手段。"

当忙成为一种生活装饰,一种满足虚荣心的手段时,我们也就在匆忙中迷失了。

真忙与匆忙的表达意图

亨利·柏格森说:"藕发莲生,必定有根。"

这意味着,每一种行为,都是一种意图的表达。

真忙表达了什么样的意图?匆忙又表达了什么样的意图呢?

根据我们多年的观察,真忙表达了内心深处的渴望——不遗余力成为自己,活出生命的底蕴。虽然这个过程也会让人感到疲倦和辛苦,却会给人带来持久的充实,那是一种登山时成功登顶的满足,而匆忙大多与空虚和虚荣心有关。

一些匆忙症患者对心理咨询师说:"如果不忙,我就会觉得自己是在浪费时间,浪费生命,我必须想方设法让自己忙碌起来,以体现存在的价值。"

也有人对咨询师说:"不忙,似乎就没有存在感,只有忙起来,我才感到踏实,至于忙什么并不重要。"

还有人说:"忙,能够给我带来荣耀感,说明我的生活状态是积极的,而不是颓废的。如果不忙,我就会觉得自己不够重要,不够积极,脸上无光,也会被别人看不起。所以,我每天都会在微信朋友圈中发图、发文字,如同得了强迫症似的。"

尽管匆忙症患者每天都忙忙碌碌,却不清楚自己内心最真实最深层的意图,他们是因为空虚而匆忙,是想通过匆忙来填满自己的生命,打发掉一个接一个漫长而空虚的日子,是想通过匆忙来赶跑痛苦,就如同止痛的吗啡麻痹神经。但是用匆忙填补空虚,得到的不是内心的充实,而只是"填充"。用匆忙驱赶痛苦,带来的不是快乐,而只是痛苦的"替代品"。"填充"与"替代品"都无法真正解决问题,因为在匆忙的身影中,匆忙症患者彻头彻尾变成了一个懦弱的逃兵,他们从自己的内心中逃跑,也从真实的生活中隐遁。他们的存在仅仅是一个晃动的幻影。

在表达意图方面,如果说匆忙是为了遮掩内心的空虚或痛苦,那么真忙则是为了成为更好的自己。这种对于更好自己的实现过程,并非意味着要去做一番了不起的惊天伟业,事实上,只要正视自己的内心,不逃避,无论是忙着做一件普通的工作,还是把时间用在某种爱好上,抑或是仅仅忙于厨艺……都会让人感到充实,并从中领悟生命的意义,活出本色的自己。

真忙与匆忙的表达意图

匆忙漂浮在表层，真忙能触及本质

匆忙症患者过着四轮空转的人生

陈鹏是一名年近30岁的男人，大学毕业不到8年，却换了好几份工作，每份工作干的时间都不长。

陈鹏给人的第一印象是反应敏锐，聪明干练，可是很快上司和同事就会发现他其实是一个缺乏耐心、做事浮躁的人。虽然他每天都按时上班，从不迟到早退，显得很繁忙，却总是沉不下心，抓不住工作的重点。由于这样的原因，他屡次被用人单位辞退。

目前，他正在四处寻找工作。看到其他人都活得充实快乐，陈鹏的自我价值感一落千丈，深感沮丧和失落。

当陈鹏向心理咨询师倾诉烦恼的时候，咨询师不由得想到这样一幅画面：一辆深陷泥泞的汽车，四个轮子飞速转动，却由于与地面接触不实，轮子只能在烂泥中空转、打滑。

的确如此，陈鹏没有真正深入工作，他与工作的接触都是表面的、肤浅的，没有落到实处，自然也就不能从工作中获得多少存在感，他的人生就像打滑的汽车，而所谓的忙，也仅仅是轮子在空转。

匆忙的人虽然一天到晚忙得不可开交，却常常感到空虚、失落和沮丧，并不能从这个世界获得多少存在感。这其中最重要的原因是，他们的忙，仅仅漂浮在事物的表层，一知半解，不能够深入下去。

匆忙的人都停留在事情的表面，他们不会深入思考听到的消息，也不会从头到尾认真读完一整本书，只想走马观花了解一个大概。伦敦帝国理工学院结构生物学教授斯蒂芬·库里说："不是每件事情都可以用800至1000字论述清楚，书籍在论述一个观点时更加深入和系统。"但是，对于匆忙的人来说，静下心来读完一整本书是一项艰巨的任务，他们更倾向于在互联网上进行碎片化的阅读、快餐式的消费。

停止匆忙，用生命去做一件事情

不管是读书，还是做事，要了解一样东西，我们都必须活在其中。我们必须仔细观察它、思考它，认识它所有的内涵、本质、结构，以及规律。而真忙的人不管在什么领域、从事什么工作，他们都会脚踏实地，将自己的全部精力倾注其中。由于心无旁骛，他们能够深入事物的深处，看见别人看不见的东西，发现别人未发现的秘密，并由此触及事物的本质，获得强大的存在感。纪伯伦说：

人在工作的时候，才能与大地合拍，才能与大地的精神一同前行。

因为懒惰会使一个人成为匆匆过客，生命的队伍庄严地向前，而你却成了一个落伍者。

在你工作的时候，你是一支笛子，从你心中吹出时光的低语，变成音乐。

你们谁肯做一根芦苇，在万物合唱的时候，你却痴呆无声呢？

总有人对你们说："工作是一种诅咒，劳动是一种不幸。"

但我要对你们说："只有在工作中才能实现大地最深远的梦想，只有在劳动中才能真正热爱上生命。"

通过工作来热爱生命，就是领悟了生命最深的秘密。

…………

也总有人对你们抱怨："生活是黑暗的。"每当你们疲倦的时候，都会随声附和。

而我要说，生活的确是黑暗的，除非是有了渴望；

一切的渴望都是盲目的，除非是有了知识；

一切的知识都是徒然的，除非是有了工作；

一切的工作都是虚空的，除非是有了爱；

当你们带着爱去工作的时候，你们便与自己，与他人，与上帝紧密联系在了一起。

怎样才算带着爱去工作？

是用你心中的丝线织布缝衣，仿佛你挚爱的人将穿上这衣裳；

是带着热情建筑房屋，仿佛你挚爱的人将居住其中；

是带着深情播种，带着喜悦收获，仿佛你挚爱的人将品尝果实。

是将你灵魂的气息注入你所有的制品。

要知道这样的人承蒙圣者的福佑。

在这里，纪伯伦用诗的语言为我们描绘出真忙究竟是什么样子。

也正如著名导演托尼·帕尔默所说："当一个人用生命去做一件事情的时候，这件事情也就有了生命。"

第4章

匆忙症的根源：
内心的焦虑与灾难性想法

匆忙症类似强迫症，充满侵入性的念头

王娜仿佛被一支"枪"强迫着

王娜是一名快速消费品的销售经理，心理咨询师和她约在一家咖啡店见面，她一边和咨询师说话，一边忙着处理在公司还没做完的工作。她说："我想一直保持好的业绩，但是我不可能通过威胁别人的方式来进行销售，先要建立信任，然后再建立长期合作，我必须随时了解每个客户的情况，必须保持忙碌。"

"这么说来，你的忙碌，肯定会让你拥有很多客户和朋友了？"咨询师问她。

"这样做并不总是能抓住客户，但我不会像其他人一样，屏蔽掉自己认为没用的人，我会与所有人保持联系，即使有时候我会累得像一条狗！"

王娜是一个患有匆忙症的人，她害怕失败，不想错过任何一个客户、任何一个机会，但她这种穷追不舍、步步紧逼的态

度也让她失去了做事时的淡定和从容，弄得自己疲倦憔悴。

"很多时候，我觉得身不由己，不得不忙，就像有一支'枪'抵在我的后背，命令我'快点、快点、再快点'！"

王娜所说的"身不由己"，仿佛有一支"枪"抵在她的后背，命令她不得不加快步伐，这种感受恰恰说明匆忙症具有强迫的倾向，与强迫症有内在的联系。

科技的发展在给我们带来方便的同时，也给我们带来了压力。无孔不入的智能手机，全天候给我们造成压力。一项调查显示，除了在卫生间查收邮件，人们还喜欢在看电视（70%）、躺在床上（52%）、度假时（50%）、打电话时（43%），甚至开车的时候（18%）查看邮箱。相较其他年龄群体，千禧一代（1982—2000年出生，计算机与互联网高速发展的时期）88%的人使用智能手机查收邮件，他们使用邮箱的地方更不固定，更频繁，也更愿意在工作之余查看工作邮箱。由于人们缺少安静思考的时间和空间，对发生的事情总是快速地做出反应，所承受的压力越来越大。就像上面故事中的王娜一样，仿佛被一支"枪"逼着，时刻留意客户的一举一动，生怕错过任何商机。

我们整天被压力包围着，压力无处不在，好像没有压力人类就会飞出地球。面对这样的既成事实，大多数人选择了沉默，用类似于"没有压力的人生没有意义"这样的口号来安慰自己，好像压力越大越好。没有人愿意被生活压倒在地，没有人真心喜欢在巨大的压力下生活。在一项盖洛普民意测验中，

80%的人说，他们在工作时压力很大，近50%的人说他们自己难以正确管理和应对压力，42%的人说他们的同事难以正确管理和应对压力，70%的员工在计划日程之外仍需要工作，包括在周末工作，而超过一半的人把这样做的原因归结为"自己给自己造成的压力"。

在压力之下，从早上一睁开眼，人们就开始了紧张忙碌的生活，步履匆匆，觉得生活和工作充满了十万火急的事情，如同牛马，被无穷无尽的事务驱赶着。我们的身边总有这样的人，每天都在跟时间赛跑，他们就像一阵风，没人知道这风，它从哪里来，要到哪里去。

强迫症的强迫思维和强迫行为

强迫症的特征是不能控制自己的想法、情绪和行为，他们的大脑中总是会闪现一些侵入性的念头："天呀，早上出门时，我是不是忘记关家中的燃气？"同时，他们还会不停地重复一些毫无意义的行为，例如不停地洗手，总觉得没洗干净。这些行为甚至违背自己的意愿。

有一位心理咨询师朋友，去首都机场接人，穿了一件领子可以竖起来的风衣，两位陌生的男士一边谈着话，一边从这位朋友身边经过，其中一位男士将目光停留在这位朋友竖起来的领子上，接着便不由自主地走向这位朋友，伸出手来，将他的领子放了下去。这位朋友开始一愣："这个人究竟要干什么,是要冒犯我吗?"转瞬之间,他便明白了这位男士患有强迫症,并不是要冒犯自己,他只是身不由己,无法控制自己的行为。一般人即使看不惯别人穿竖起领子的风衣,也不会去干涉别人,他们会尊重别人的选择,尊重别人的生活习惯和文化习惯。实际上,不管是在服装设计、建筑施工,还是城市规划上,容纳多样性都是心理健康的标志,世界本来就五彩缤纷,千姿百态,只有心理失去了弹性、僵化死板、麻木不仁的人,才会控制不住自己去干涉别人的自由。

强迫症分为强迫思维和强迫行为。如果你具有以下特征,就可能患上了强迫症:

· 经常有侵入性的念头和想象闯入脑海,这些念头是愚蠢的、不堪入目的,甚至是可怕的。

· 经常怀疑自己忘记锁门,忘记关门窗,忘记关水龙头或者燃气。

· 经常担心自己控制不住自己会说出攻击性的话,做出攻击性的行为。

· 经常反复想一件事情,或者做一件事情,唯有如此才会感到轻松。

· 经常洗澡,或者反复洗一件东西。

· 做一件事情必须反复检查多次才放心。

· 保留了许多认为没用却又舍不得扔掉的东西。

与强迫症相似，匆忙症也有侵入性的念头和想象，比如"再不加快步伐就来不及了""不忙碌起来，我很可能完不成工作，最后被老板炒鱿鱼""这个时代发展太快，短暂的松懈很快会让我落后于他人"。王娜对心理咨询师说，有一次，她去北方出差，在天寒地冻中，她看见路边树下几个流浪汉裹着塑料袋蜷曲在一起。她说："当时我想如果自己松懈下来，将来也可能会像他们一样。多年来，那一幕总会时不时闯入我的脑海，我不得不强迫自己变得忙碌起来。"

无论是强迫症，还是匆忙症，它们的共性都是身不由己、不由自主、情不自禁，最后让工作失去方向，让生活失去控制。强迫症会让人承受内心剧烈的冲突和痛苦，消耗生命的活力。而处在匆忙症中，人就像一台快速运转的复印机，对生活和工作中发生的事情迅速做出机械而僵硬的复制，失去了独立思考的能力。在越来越忙的工作和生活中，人们再也感觉不到充实和满足，却被紧张、焦虑和烦躁不安的情绪紧紧包围，很难做到笃定和从容。可以说，几乎每个人在一生的某个阶段，都患上过程度不同的匆忙症，他们每天都不停地忙碌，一刻也闲不下来，并因此精疲力竭，彻夜难眠。

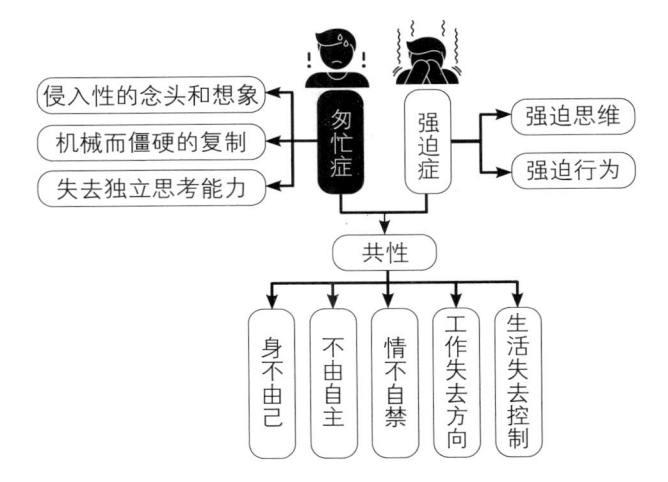

强迫症与匆忙症的特点

焦虑是匆忙症的驱动力

张峰脑海中总有恶魔般的声音

张峰是一名刚刚毕业的大学生,他在 IT 领域找到了一份工作,并搬到了一个新城市。最初一切看起来很不错,但好景不长,随着工作的深入,张峰的压力越来越大。

为了完成一个大客户的项目,他常常需要加班到深夜。长期的压力,让张峰变得忧心忡忡,他担心自己完不成工作会被老板炒鱿鱼,他担心自己无法支付信用卡上的账单,他担心女朋友最后会离开他,他一直在为未来之事——那些还没有发生,或者根本就不会发生的事情担惊受怕。

最近,情况越来越糟糕,那些挥之不去的担心和焦虑在他心中肆无忌惮地游荡,让他变得忧心如焚,疲惫不堪,极度脆弱。除了夜不能寐之外,他还越来越紧张,不容易放松下来,烦躁、易怒、反复无常,常常为一件小事大发脾气,总是毫无理由地抱怨别人、指责别人,毫无征兆地暴跳如雷。

虽然他极力控制着自己的情绪，试图通过分散注意力让自己平静下来，但这种持续不断的担心始终困扰着他，把他推向崩溃和疯狂的边缘。虽然他也常常安慰自己："没有过不去的坎儿，一切都会好起来。"但是在他的脑海中，似乎总有一个恶魔般的声音在回响："你的生活会永远那么糟糕。"

根据"或战或逃的反应"（Fight-or-flight response），即使张峰头脑中想象出来的那些威胁和危险只有万分之一的概率，他也会将它们视为是真实的，因为在他看来，不怕一万，就怕万一。为了避免那些可怕的事情发生，他身不由己地逼迫自己日夜忙碌，陷入匆忙症的旋涡。

匆忙症是一种非常复杂的心理问题，你需要深入内心，不断叩问自己，才能发现它的根源。透过匆忙症纷纷扰扰的表现形式，以及朦胧的面纱，现在让我们深入进去看一看其内部的驱动力。实际上，我们可以把匆忙症看成是在前台表演的木偶，忙来忙去，连轴转，但是牵动他们的却是一根细线，而这根细线就是焦虑。

内心的焦虑是导致匆忙症的原因

也许你认为导致匆忙症的原因是紧张的生活、激烈的竞争，或者是承受了太大的压力，其实这些外部原因都不足以一定会让人患上匆忙症，很多人在艰难的环境中，遭受了别人难以承受的打击和压力，但他们依然能够坦然面对，不慌不忙，笃定前行。实际上，匆忙症最根本的原因不在外部，而在内心，是由于内心的焦虑，人才会对外表现得匆忙，或者说，**匆忙症是焦虑症的外在表现形式，而焦虑症则是匆忙症的病根。**奥特·博格在《你一直想要的生活》中写道："让你匆忙的不是一张混乱的行程表，而是你那颗焦虑的心。"

焦虑是对未发生之事的担心、忧虑、紧张和害怕。焦虑是由恐惧引发的，恐惧是一切焦虑状态的核心，即我们之所以感到焦虑，其实是因为内心深处有所恐惧。但恐惧不等于焦虑。恐惧是人们面对某种特定事物或情景时所做出的最基本的自发反应，包括对实际危险的识别或感知。

每个人都会经历恐惧。当我们看到地下室的烟雾、高速公路上失控的车辆、迎面而来的龙卷风、持枪的歹徒，或者听到机长说起落架无法正常使用，飞机准备紧急着陆时，都会感到恐惧。恐惧是一种普遍存在的情绪，它很有用，可以在我们身处险境时拉响警报。当我们感到恐惧时，肾上腺素会迅速飙升，力量会迅速聚集，身体会迅速做出"或战或逃的反应"，及时处理来自外面的危险。

恐惧是对现实威胁和危险的反应，焦虑是对将来可能出现的威胁和危险的担心，是对未来那些还没有出现的威胁和危险的忧心忡忡。这些威胁和危险有可能出现，也可能不会出现。也就是说，焦虑是针对未来的，它是被"万一"操控着的。我们不会对已经发生的过去感到焦虑，而是沉迷在对未来的过度幻想中，对未来可能发生的威胁和危险感到焦虑：

"万一在考试的时候我什么都想不起来怎么办？"

"万一我的工作没办法完成怎么办？"

"万一我被老板炒鱿鱼怎么办？"

"万一我身无分文流浪街头怎么办？"

"万一我被人耻笑怎么办？"

这些持续的情绪状态就是焦虑。

与焦虑相比，恐惧的时间很短，当威胁和危险消失，警报解除之后，恐惧的情绪也就烟消云散。而焦虑则是一种时间更长、更复杂的情绪状态，会让人生活在水深火热之中。

当然，适当的焦虑是必需的，人无远虑必有近忧嘛。适当的焦虑可以让我们提前做好准备。例如，焦虑可以让一个人提前把讲话稿背得滚瓜烂熟，避免出错，可以让一个去陌生地方旅行的人提前做好攻略，可以让我们在危险还没发生时，防患于未然。但这并不是说焦虑越多越好，如果焦虑过了头，就会适得其反。为万分之一的威胁和危险，却付出了百分之百的精力，怎么还能有精力去处理那剩下的万分之九千九百九十九的事情呢？何况这些事情都是我们生命中最重要的事情。多年来，我们见过太多被焦虑折磨得苦不堪言的人。这些人每天都生活在提心吊胆中，脸上时刻挂着紧张和忧虑的表情，一天到晚匆匆忙忙，寝食难安。焦虑如同一口炙热的铁锅，耗干了他们的快乐和幸福，耗干了他们全部的心血，直到筋疲力尽。

匆忙症是综合征，让工作和生活变成一团乱麻

恐惧是对危及自身安全的威胁的感知，是一种基本的、自发性的警戒状态。焦虑是对潜在危险的一种持续、复杂的情绪状态，是一个人自己无法预期和控制的。当焦虑过了头，影响到生活和工作，正常的焦虑也就变成了焦虑症。

最勇敢的人也会焦虑

世界上，有一部分人曾经、正在或者即将经受焦虑症的折磨，历史上一些大名鼎鼎的人也曾经在焦虑中苦苦挣扎过。丘吉尔是"二战"时英国最勇敢的人之一，他的演讲激励了成千上万的英国人，今天读来，依然回肠荡气——

虽然欧洲的大部分土地和许多著名的古国已经或可能陷入了盖世太保以及所有可憎的纳粹统治机构的魔爪，但我们绝不气馁、绝不言败！

我们将战斗到底。

我们将在法国作战，我们将在海洋中作战，我们将以越来越大的信心和越来越强的力量在空中作战。

我们将不惜一切代价保卫本土，我们将在海滩作战，我们将在敌人的登陆点作战，我们将在田野和街头作战，我们将在山区作战。

我们绝不投降！

这些演讲掷地有声，唤醒了每个英国人心中的雄狮。但是谁能想到，丘吉尔却是一位患有焦虑症的人。不仅丘吉尔，亚伯拉罕·林肯也曾得过焦虑症。所以，如果你也患有焦虑症，抑制不住地对未来忧心忡忡、惊恐不安，不必尴尬、羞愧或者自责，因为在焦虑的泥潭中，你并不是一个人。

焦虑症有很多类型，有强迫症、急性焦虑症、社交恐惧症、气流恐惧症、幽闭恐惧症和忧虑症等。

急性焦虑症发作时，会胸闷气短、心跳加快、头重脚轻，脑袋晕晕乎乎的，好像马上就要昏死过去一样……人们常常会误以为是心脏病发作，可是到医院检查，心脏没有任何问题，完全是由紧张和焦虑导致的。

社交恐惧症，是害怕与别人讲话和交往，与别人交往常常感到紧张、焦虑和尴尬，担心别人看着他，议论他，评价他。

气流恐惧症是坐飞机遇到气流颠簸时，担心飞机会从空中掉下来，因而变得紧张和焦虑。

幽闭恐惧症是害怕一个人待在狭窄的空间内，比如飞机上或者电梯内。

尽管人们焦虑的内容多种多样，但这些焦虑都是非理性的、不必要的。不过，在所有焦虑症的种类中，与匆忙症关系最直接的是忧虑症。

匆忙症的综合症状

忧虑，就是担心，是没完没了的担心，一直在担心，毫无理由的担心，非理性的担心。我们担心自己会成为无名小卒，被别人踢来踢去。我们担心自己会被别人看不起，无地自容。我们担心一步跟不上，步步跟不上，最后被淘汰出局。当这种担心变成一种挥之不去的心魔之后，就会引发成匆忙症，使我们在认知、心理、生理和行为上做出反应——

认知症状
脑海中出现侵入性的念头
抑制不住想象可怕的结果
害怕事情失控、无法解决
害怕别人对自己评价太低
无法集中注意力、思绪混乱
警觉过度
记忆力减退
无法客观看待事物

心理症状

感到紧张、心慌、焦灼

感到害怕、忐忑不安

神经过敏、疑神疑鬼、战战兢兢

焦躁不安、易怒

生理症状

心率加快、心悸

呼吸短促、频率加快

出汗、潮热、浑身发抖

身体不自觉地颤抖

四肢麻木、有刺痛感

身体虚弱、站不稳

肌肉紧张、僵硬

口干舌燥

行为症状

极力寻求安全感

躲避、隐藏

紧张、忙碌、不想休息、加快节奏

换气过度、强力呼吸

身体僵硬

在最后一项的行为症状中，我们可以看出，无论是近在眼前的威胁，还是远在天边只有万分之一概率的危险，只要人们感受到了，都会本能地选择"或战或逃的反应"。逃跑，意味着采取躲避和隐藏的方式来应对危险，罗马诗人奥维德说："隐藏得很好的人，活得很好。"在回避和隐藏的逃跑过程中，人们不敢正面面对危险，会寻找各种各样的借口来拖延，从而形成拖延症。战斗，意味着与之搏斗，试图战胜那远在天边的威胁和危险，让自己感到安全。不过，在战斗的过程中，由于我们没有明确的敌人，目标不清晰、似有似无，不管如何努力、如何忙碌，只会让自己气喘吁吁，换气过度，毫无收获，陷入手忙脚乱的匆忙症。

所以，从表面上看，拖延症与匆忙症迥然不同，分别属于两个方向：一个是急于面对危险，一个是尽量拖延威胁，但它们都在"或战或逃的反应"这一个层面上，都是对威胁和危险的本能反应，并不能从根本上解决问题。

问题之所以是问题，是因为它会给我们带来烦恼和痛苦，患拖延症的人由于害怕去面对问题，害怕陷入烦恼，所以极力选择拖延的方式逃避。但是，你若不解决问题，你就会成为问题。正因如此，拖延症让很多人成了有问题的人。

与之相反，患有匆忙症的人是急于解决问题，他们犹如热锅上的蚂蚁，煎熬他们的火焰正是没完没了的担心和焦虑。他们担心时间来不及了，所以会情不自禁地加快脚步；他们担心被别人超越，所以会抢道超车；他们担心被这个时代抛弃了，所以会匆忙前行。由于时刻处在焦虑不安中，即使怀着美好的愿望，极力想解决问题，但在行色匆匆中，他们对问题只能做蜻蜓点水般的接触，无法深入下去，看清问题的全貌和本质，也无法彻底解决问题。匆忙症不会仅仅表现在行为上，而是认知、心理、生理和行为上的综合反应，以刚刚毕业的大学生张峰为例。

在匆忙症发作时，张峰首先在认知上产生了这样的想法："客户、领导又在催了，这个项目的截止日期快到了，可我还没完成，看来是来不及了。""别人的工作好像进展得都很顺利，难道是我能力有问题？""工作完不成会影响到我今后的升职。""会不会被领导辞退？""现在好工作实在太难找了。""丢了工作证明自己真的很失败，一无是处。"

接着，在心理上，他会感到忐忑不安、紧张焦虑、忧心如焚、神经过敏，情绪变得极度脆弱，不是疑神疑鬼，就是毫无缘由地暴跳如雷、喜怒无常。

在生理上，他会心率加快、呼吸急促、身体僵硬，由于在精神上消耗了大量心血，他会感到心累、四肢无力、注意力分散、疲惫不堪。

最后在行为上，已在心理和生理上消耗了大量精力的张峰会强打起精神逼迫自己不停地做事，不断地工作，让自己陷入匆忙症。

匆忙症是综合征，是认知上的夸大事实，精神上的歇斯底里，行为上的手忙脚乱，以至于使自己的工作和生活犹如一团乱麻。

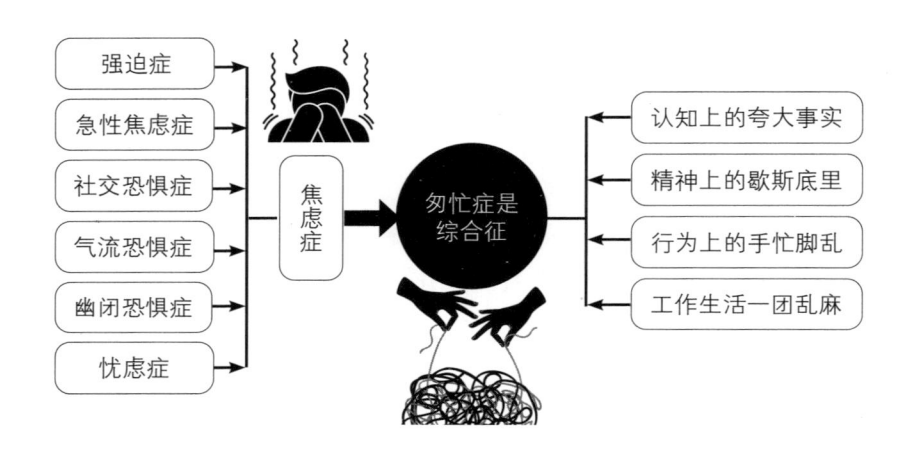

匆忙症是综合征

灾难性的想法引发匆忙

张龙萌生出灾难性的想法

匆忙症患者心中都有一种灾难性的想法。张龙是一家广告公司的资深设计师，有一天，他上班稍微迟到了一点点。

这时，上司一脸严肃地对他说："请到我办公室来一趟！"

张龙心中翻江倒海、思绪万千，萌生出很多灾难性的想法。张龙的办公室与上司的办公室相隔不到 100 米，张龙走到他那里用不了 30 秒，但就是在这短短的 30 秒内，张龙的心七上八下：是不是迟到要罚款？是不是上星期不小心干错的一件事情终于东窗事发了？上司会不会对我勃然大怒？同事们听见上司这样训斥我，我的脸面往哪里搁？他会不会炒我鱿鱼？

结果，当张龙硬着头皮进入上司的办公室后，却发现自己想多了，原来上司是要将公司最重要的一项工作交给他。而在这之前，张龙脑海中那些糟糕的想法，在心理学上叫作"灾难性的想法"。

在上面的例子中，灾难性的想法出现的时间很短暂，只有几十秒，与上司见面之后，它们就会云消雾散。但是，如果你的那些灾难性的猜测不是那么快就揭开谜底，你的感受会怎样呢？那一把把高悬在头顶上的达摩克利斯之剑是不是会让你心乱如麻，惶恐不安？为了避免伤害，你会不会歇斯底里地奔跑，让自己步履匆匆，形色仓皇？

如果你觉得有糟糕的事情即将发生，那么想做最坏的打算是合情合理的。例如，被老板炒鱿鱼该怎么办？在观众面前脑子突然一片空白该怎么办？或者因为你可能忘了关燃气开关而导致火灾该怎么办？当你专注于这些重复的不可控、莫须有的灾难性结果的时候，你在心里反复预演那些可怕的结果，急于解决问题，就会陷入匆忙。

灾难性的想法源自担心，但是担心并不一定会升级为灾难性的想法。每个人都会担心。我们担心完不成工作，担心自己的健康，担心孩子会受伤，担心别人会认为自己不称职，担心自己会丢掉工作、破产。我们担心一切可能发生的坏事情。潜在的担心是无穷无尽的。但是当我们被这些担心牢牢控制住之后，担心就升级成了灾难性的想法。灾难性的想法是自动产生的——

- 它让你专注于关于威胁和危险的思想；
- 它助燃了一种不确定感，因为它总是面向未来的，而未来是不可知的；

- 它让你陷入诚惶诚恐当中，无法客观现实地解决问题。

不会焦虑的斑马

灾难性的想法倾向于想到最糟糕的场景、最坏的结果。这些想法是指向未来的，也是人类特有的，长颈鹿不会担心自己将来的养老金和医保问题，人类则会对未来愁肠百结。罗伯特·萨波斯基在《为什么斑马不会焦虑》一书中写道，如果一匹斑马从一头狮子口中侥幸逃脱，腿上的伤口还流着鲜血，但是当危险过去之后，这匹斑马很快就会重新回到草地，平静地吃草。但是我们人类会怎么做呢？我们会为万分之一的危险做百分之百的准备，还会对已经过去的危险耿耿于怀，甚至对别人遭受的危险杞人忧天。当然，我们并不是要否认未雨绸缪的重要性和必要性，只是想说物极必反，如果我们持续陷入紧张和焦虑之中，三番五次，开始一鼓作气，再而衰，三而竭，那么当真正的威胁和危险来临时，便心有余而力不足了。

在灾难性的想法中，我们会夸大事实，把威胁和危险看得比实际情况严重得多，致使认知发生偏差。例如，陈晨是一位聪明漂亮的姑娘，但却一直认为别人不喜欢她，甚至讨厌她，这种糟糕的想法根深蒂固，很难改变。为了努力获得别人的认可，她不仅拼命学习，拿到了一所著名大学的MBA学位，还获得了某大型电力公司的工作。陈晨其实已经很优秀了，然而在与别人相处时，她还是缺乏自信，会感到紧张不安，在生理上的表现就是脸红。

　　灾难性的想法总是这样，它包含对未来可能出现的灾难的猜测——"我很可能丢掉工作，流浪街头"；它是非理性的忧虑——"如果那样……我该怎么办"；它是与实际情况脱节的一种持续的夸张和妄想——"不怕一万，就怕万一"。

　　灾难性的想法遵循的原则是：最坏的情况，如果有可能发生，就必然会发生；最好的情况，如果未必能达到，就必然达不到。但真实的情况并非这样。马克·吐温在晚年总结自己的人生时说过一句睿智的话："我一生中担心过很多事情，但它们中的大部分都没有发生。"

为什么灾难性的想法根深蒂固

　　王静原本是外贸公司的业务员，英语专业 8 级，但是在 2020 年不幸失业了。失业之后，没有了收入，她天天都有灾难性的想法："家里没有存款了，明天会不会饿死？""银行会不会下个月收回房子，全家人会不会睡大街？""老公会不会突然提出离婚？"等等，这些想法一个接一个地出现，让她神经兮兮，整天东游西荡，拼命找工作，差不多要疯掉。

　　不管别人怎么安慰她——"你想多了，不至于出现那样的结局"，也不管她通过阅读多少励志书籍来抚慰自己——"凡事要往好处想，要有正能量"，但是那些灾难性的想法就像"离离原上草，野火烧不尽，春风吹又生"。最终，王静发现，大脑中灾难性的想法已经牢不可破,她似乎只能束手就擒,被它所驱使。

为什么灾难性的想法这么容易就产生,又如此顽固呢?

如果你发现自己会不由自主把事情往最坏的方面去想,你首先要明白你不是另类,所有人都会像你一样,即使像丘吉尔那样勇敢不屈的人,他也不是时时刻刻都充满了正能量,他有自己害怕的东西,也有焦虑的时候,而且很多时候,他都处在深度焦虑之中,被灾难性的想法所控制。大多数人认为勇敢就是不恐惧不焦虑,其实不恐惧不焦虑不是勇敢,真正的勇敢是尽管感到恐惧和焦虑,但依然能够大踏步前行。

不过,我们需要充分了解灾难性的想法。在过去20年间,心理学家的研究已经有了更多的结论。灾难性想法是自动产生的,时间非常快,不到半秒,也就是说在我们的意识还没有觉察到的时候,灾难性的想法就已经下意识地出现了。

当外界发生某件事情后,我们的注意力第一步是判断刺激的来源,无论是电脑上弹出的广告、从你身边路过的上司,还是远处闪烁的红灯,都可能是刺激的来源。那么,判断刺激靠什么?让我们想象远处开来一辆消防车,上面的红色警灯正在闪烁,警笛长鸣。你转身望向警笛声传来的方向,同时你的大脑锁定了声音的来源。想想看,我们停下来、听过去、望过去的反应速度有多快:一眨眼的工夫,我们就能判断那是一辆什么车,来自什么方向,目的是什么。如果空中弥漫着一股烟味,我们就可以进一步推断发生了什么,消防车要去干什么。

在这一过程中，我们用到了三种感官知觉，即听觉、视觉和嗅觉，还没有动用触觉和味觉。

注意过程的第二步，是接触更多的信息。当注意到警笛声的来源之后，我们会开始关注大量的细节。消防车从旁边驶过时，你注意到上面架满了梯子和水箱，以及各种现代救火设备。你看到消防员们全副武装，头盔下露出坚毅的面容。或许你甚至能回忆起某一部电视剧或电影中的画面，或是在报纸上读到过关于消防部门申请资金更新设备的消息……你正在充分关注这一"刺激"，吸收各方面的信息，由大脑对其进行组合。你通过警笛声追踪到了声音的来源，把它作为注意力的焦点，调动你大脑的强大机能来关注和分析它。这一切都发生在几秒钟之内。这是人类与生俱来的能力，我们可以非常快速地吸收和处理大量的信息。人类首先是为了生存，其次才是为了追求幸福。所以，面对威胁和危险时，每一根神经都会保持紧张，保持着强大的能力。

当发现消防车不是开往你所居住的社区时，你会感到安心，但是也不排除你会陷入这样的想法："今天早上我出门时，家里的燃气关了吗？"显然你记不清了，也许关了，也许没关，但是万一没关，万一出现了火灾，怎么办呢？你想到火灾后，家中的门窗、床椅、新买的电脑、冰箱，顷刻之间化为一片焦土，于是变得焦躁不安，心急如焚。需要注意的是，你看到消防车从你身边经过，这是一个客观的事实，但是由消防车想到家中的燃气可能没关，你下意识产生的灾难性想法，仅仅需要半秒。如果未经训练，你不会觉察到灾难性的想法产生的过程并及时阻止，只会让它像滚雪球一样越滚越大，直到逼迫自己采取行动，或者打电话问邻居，或者匆匆忙忙亲自跑回家查看。

灾难性的想法之所以根深蒂固，一是因为它源自人类求生的本能，二是因为它出现的时间太快、太短暂，我们很难察觉，也很难从源头入手去解决，因为它只给我们留下半秒钟的时间，错过这半秒，我们的大脑就会自动扫描环境中的威胁信号，心理学家称之为危险线索（danger cues），以此来印证那些危险的想法。换句话说，我们整个精神系统都会被灾难性的想法所绑架、所禁锢、所控制，变得身不由己，匆匆忙忙。

灾难性想法产生的六个步骤

如果你与你心中想象出来的假想敌做殊死搏斗，无异于堂吉诃德大战风车。堂吉诃德把郊外三四十架风车当成假想敌，疯狂与之战斗，结果惨败而归。用"或战或逃"的反应模式，可以消灭外面的敌人，却永远也无法消灭内在的假想敌。

因为真实的敌人危险，假想的敌人更危险。

对某件事情陷入灾难性的想法之后，在感到忐忑不安的同时，你会自发地启动"或战或逃"的反应模式。你急于采取行动，急于解决问题，急于获得安全感。你不遗余力加快步伐，一刻也不耽搁，一秒也不拖延，拼命与之搏斗，直到让自己感到安全。

毋庸置疑,"或战或逃"的反应模式是人类应对外来危险最有效的方式,这是生命进化的成果,但是灾难性的想法并不是来自外在客观的危险,更多的是你主观的猜测和想象,它们是不真实的,至少不是完全真实的,是你心中的假想敌。如果你把草原上悠然转动的风车当成"假想敌",那你就会沦为笑话连篇的堂吉诃德。

灾难性的想法就像电脑中的软件病毒,一旦被激活,它就会迅速控制电脑的操作系统,扭曲你的认知,颠倒你的想法,篡夺你的感受,最终让你的行为失去理性、无法自拔,变得匆忙而疯狂。

灾难性想法的产生有六个步骤——

第一,高估危险。关注事情最坏的可能性结果。例如看见上司阴沉的脸,就觉得是针对自己的,或者因为在报告中犯错了就觉得要被炒了。

第二,妄自断定。认为某个可怕的结果发生的概率极其大。例如考试时不确定某个题目的答案就妄自下结论:成绩会不及格。

第三,视野狭隘。只关注与危险有关的信息而忽略其他安全的信息。例如,当一件事情发生时,只想到事情坏的一面,看不到事情还有好的一面。

第四,目光短浅。眼睛死死盯着危险,看不到危险后面的机会。例如，一遇到困难，就觉得大祸临头。

第五，情绪化推论。认为自己的焦虑感越强烈，实际的威胁越大。例如，这件事情我肯定无法完成，否则我不会这么紧张和焦虑，我的紧张和焦虑就是预感，要知道我的预感总是很准确的。

患有匆忙症的人在感到强烈的焦虑时，觉得自己失控的可能性会增加，所以，他们会更频繁地采取措施和行动。

第六，绝对式思考。认为"危险"和"安全"是非此即彼的绝对定义。例如，认为自己一旦被公司炒鱿鱼，就再也找不到这样的工作。

以上是产生灾难性想法的六个步骤，经历这六个步骤后，我们的思维过程就会被扭曲，我们的注意力只会狭隘地集中于威胁和危险上，并心生恐惧，变得匆忙。罗斯玛丽·索德博士在《今日心理学》杂志上说："一些自发性的想法和绝对化的思考会夸大生活和工作中危险或威胁的可能性和严重性，从而促使人们陷入长期的匆忙状态。"

例如，每次当女职员张丹担心自己的工作表现，担心老板觉得自己没有能力时，都会自发地启动这六个步骤——高估危险、妄自断定、视野狭隘、目光短浅、情绪化推论以及绝对式思考，这样一来，她就无法对自己做出客观公正的评价，想不起自己过去取得的成功，也看不到根本没有任何迹象能表明她很差劲的事实，因为这时她的认知已经被扭曲。

所以，当危险仅仅是一种可能、一个想法，或者一件并不真实的事情时，例如"我可能无法按时完成工作""我可能会犯错""我可能被炒鱿鱼""我可能被别人耻笑"，我们应该及时刹车，努力避免激活灾难性的想法。一旦灾难性想法的程序被启动，进入自动驾驶的模式之后，我们就会悔之不及，无法自拔，很难意识到自己狭隘的思维，只能让自己对现实的看法发生扭曲。

在扭曲的现实中，我们的忙不是真忙，而是堂吉诃德似的疯狂。

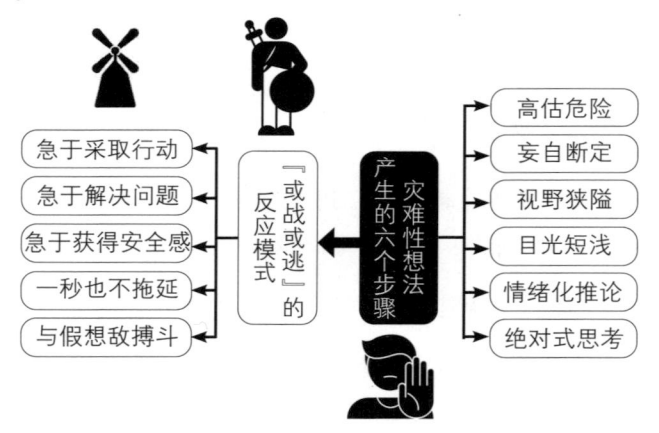

灾难性想法产生的六个步骤

匆忙症患者渴望安全与确定

刘浩是一家保洁公司的员工，患有匆忙症，当他和别人一起工作时，常常会格外紧张和焦虑，因为他害怕自己做得不好会被别人笑话。如果是和熟悉的人一起工作，或者在日常的地方工作，他便不会那么紧张，也不会那么匆忙。

匆忙症患者在陌生的环境中会变得更加焦虑，更加匆忙。正因如此，他们总是讨厌新的、无法预测的、不熟悉的生活和工作。他们喜欢选择与熟悉的事物、人待在一起，这让他们更能预料到未来的变化并加以控制。对于匆忙症患者来讲，待在一个无法预期，也无法控制的情境中是十分困难的。

心理健康的标志之一，是心理具有弹性，可以拥抱变化，适应更多的不确定性。

心理弹性，不是指见风使舵、随波逐流，而是开放和柔韧。与"弹性"相反的是"死板""僵化""固执""狭隘""执着""偏见"和"绝对"，灾难性想法是典型的心理缺乏弹性。

灾难性想法是自发的、抑制不住的，是身不由己的偏执，顽固地坚信危险会降临，坏事即将发生。在灾难性想法中，当人们陷入绝对化思考，心理失去弹性之后，也就无法容忍生活和工作中的不确定性。

心理学中有一个概念，叫"偏执的不确定性"（intolerance of uncertainty），通俗的说法是"不能容忍不确定性事件的存在"，它是指，人们往往会采取负面的态度去对待无法预料的、不可控制的情形和事件。很多匆忙症患者更喜欢做熟悉和常规的事情，不喜欢意外。而问题是真实的世界充满了变数和意外。我们必须承认，我们总是生活在不确定性当中，诸如该不该选择这个工作，要不要和那个人结婚，现在该不该买房等，都具有很大的不确定性和风险，我们所做出的决定也都带有赌博的成分。虽然这种时候令人焦虑和煎熬，却是人生的常态。因此，我们必须忍受一定的不确定性，才能接近事情的真相。

在一切都在变化的今天，我们没法确定今年如日中天的行业，明年是否会变得萧条；这个月还在运转的公司，下个月是否会倒闭；今天还衣食无忧，明天生活是否就没有了着落；早上起床时还健健康康，下午在医院体检是否会查出严重的疾病。令匆忙症患者困扰的都是发生在未来的不确定事件。他们的心理缺乏弹性，希望生活能够给予他们一个确定的答复，但是生活的车轮是客观的、冷静的、无情的，它不会在乎你的担心和焦虑，只会一如既往滚滚向前。

对确定性的追求是对安全感的渴望，匆忙症患者之所以陷入匆忙，实际上是出于对安全感的渴望。陷入匆忙症的人往往会说："真希望我能冷静、放松，对一切泰然处之。"换句话说，当我们陷入灾难性的想法中时，我们会通过忙碌来寻求安全感，一刻也不得安宁。但是通过忙碌来寻求安全感是南辕北辙，而且从根本来说，当你陷入灾难性的想法后想要寻求安全感本身就是错误的，因为你寻求安全感，意味着你相信危险和威胁是真实存在的，你不切实际的想法会让你的行为变得不可控制，你要获得安全感的愿望越强烈，你的行为就越匆忙，最后会不可避免地陷入疯狂的泥潭。

可以说，每个匆忙症患者如同骑着一辆追逐安全感的脚踏车，他们拼命蹬踩，不断追求令他们感到安全的东西，或者是一份稳定的工作，或者是一个舒适的家庭，或者是确定的生活，但问题是，一旦他们停止用力蹬踩，停止忙碌，他们的生活和工作就会停顿，瘫痪。

匆忙症患者大多有失眠症

切尔诺贝利核电站之所以发生核事故，与那些睡眠不足的工程师有不可推卸的责任，因为他们已经连续加班13个小时。美国"挑战者号"航天飞机在空中爆炸，宇航员命丧天空，也是因为睡眠不足的焊工分心走神，没有将一道焊缝焊接好。

可见，失眠会带来灾难性后果，而患有匆忙症却常常会失眠。

患有匆忙症的人经常感到没有安全感，没法镇定。虽然他们竭尽全力通过忙碌去寻找安全感，但是任何一种安全感都是短暂的，很快，恐惧感和焦虑感又会卷土重来。这让匆忙症患者很难感到放松或者冷静下来，他们比一般人更加紧张、紧迫和焦灼，夜晚也更难以入眠。所以，匆忙症患者大多有失眠症。

一个人正常的睡眠时间应该是8个小时，但匆忙症患者每天的睡眠时间都不到6小时，深睡眠的时间更少。由于紧张和焦虑，匆忙症患者难以放松下来，经常失眠，而由于失眠，他们在第二天上班时无法集中精力，常常导致车祸、工伤和其他事故发生。

有人认为睡觉时大脑除了做梦，什么都不干，这其实是个谬误。英国牛津大学生理神经科学主任罗素·福斯特教授研究证实：睡眠是我们最重要的行为体验，如果你活到90岁，那么你花费在睡觉上的时间将近32年。我们在睡眠时，大脑实际上在非常努力地工作，具体表现为三个方面：

- 修复——一些基因只有在大脑睡觉时才会工作。大脑好比一张网，白天时处于紧绷状态。睡觉时这张网便会松弛下来，重新修复整理。
- 保护——有人说是为了节省体力。这种观点不太可能，因为睡眠和保持清醒之间的体能消耗仅仅相差110卡路里，即一杯牛奶所提供的体力。真正保护的是我们的精神。
- 大脑进程和记忆巩固——拥有充足睡眠的人在认知和创造力方面的能力是缺乏睡眠的人的三倍多。

睡眠是最好的认知增强剂，好的睡眠不仅能提高工作效率，还有助于保护人身安全，而失眠则会对认知能力造成损害。麦肯锡的一项研究表明，睡眠不足不仅会损害目标驱动型注意力，也会降低刺激驱动型注意力，长时间工作而没有睡觉的人，其认知能力将大大降低，程度相当于醉酒。

研究表明，人在工作大约17至19小时之后，其认知能力相当于血液中酒精浓度为0.05%的人，这一浓度符合许多国家规定的酒驾标准。工作大约 20 小时后，这一数字上升到 0.1%，符合美国对醉酒驾驶的法律定义。所以，疲劳驾驶的危害丝毫不亚于醉酒驾驶。而睡眠则能帮助我们迅速恢复认知能力，一夜好睡眠可以让我们神清气爽，全面提高认知能力、分析能力、判断能力、自我觉察能力，以及创新能力。

  与此同时，睡眠对学习过程的三个阶段也大有裨益：学习前，对新信息进行编码；学习中，大脑将新旧知识形成新的联系；学习后，记住新内容之前，从记忆中检索信息。但是，当睡眠不足时，大脑更容易曲解这些信息，或者过度反应。在人际交往的过程中，睡眠不足的人也更容易走向两个极端：要么不相信别人，要么轻信别人。福斯特教授说："疲劳的大脑十分缺乏抵抗力，它那时已无法知道自己究竟受到了什么程度的伤害！"

  但是，现在人类比 20 年前的睡眠时间减少了 20%，如今的社会已经变成了 24 小时社会，没有白天和黑夜，一切都在持续不断地连轴转，睡的时间越来越短，而且睡眠的质量越来越差。美国前总统比尔·克林顿曾经声称每晚睡 5 个小时就够了，但后来他却因为过度疲劳导致了心脏病发作，他说："我生命中所犯的每一个重大错误，都是因为当时太累了。"玛格丽特·撒切尔在担任英国首相期间，每晚只睡 4 个小时，她坚持下来了。她的座右铭是："无能的人才睡觉。"晚年时期，撒切尔夫人患上了阿尔茨海默病。

  据美国国家睡眠基金会调查显示，在 13 岁至 64 岁的美国人中，60％的人几乎每晚都会有睡眠问题。这个问题困扰着人们，不管他们是什么地位、什么身份。

不仅匆忙症与失眠有关，许多精神障碍，如焦虑症、抑郁症，早期症状通常都表现为失眠。

第5章

匆忙症的顽疾：
匆忙神经元结成根深蒂固的网络

匆忙症患者自动默认周边有危险

大脑的三个部分相互配合

不知你有没有这样的经历，当你行走在弯弯曲曲的林间小路上，突然看见路上有一条毒蛇。危险之际，你该怎么办？

这时，你的大脑已经在高速运转了。人类的大脑分三个部分，又称三个脑，分别是旧脑、中脑和新脑。旧脑又叫作爬行动物脑，中脑又叫作情绪脑，新脑又叫作理性脑。

发现路面有毒蛇挡住了去路，你的爬行动物脑会本能地采取"或战或逃"的反应模式，并迅速地将恐惧的信息传递到理性脑。如果理性脑经过确认，认为你看见的不是一条毒蛇，而只是一根绳子，它就会将自己的判断传达到情绪脑和爬行动物脑，解除警报。

如果一个人的爬行动物脑缺乏本能反应的能力，他很可能在危机四伏的环境中看不到明天的太阳。所以，人类祖先为了求得生存，躲避危险和威胁，他们首先强化了自己的爬行动物脑，时刻做好"或战或逃"的准备，保持紧绷的状态。

人类的神经系统已经进化了大约600万年，在这段漫长的黑夜里，如果我们一直生活在无忧无虑之中，没有注意降临在头顶上的危险，没有意识到周围枝叶的噼啪声正隐藏着杀身之祸，那么我们最终就会成为其他生物的腹中之物。

唯有充满警惕的生物才能生存下来，并将自己的基因传承下去，而我们人类更是经历过大自然的层层筛选，生来就具有恐惧意识。

但是，爬行动物脑能够应对丛林中的危险，却无法应对复杂社会生活中的危险，直到人类进化出了中脑和新脑，我们才在黑暗中抬起头来，看见了理性的光芒。

在现代，每个人都希望按照自己的节奏生活，享受生命的春夏秋冬、花开花落，没有人愿意承受匆忙症的折磨，那是一种思维的奔逸、情绪的侧漏、内心被撕扯的疼痛，是一种蚀骨的疲惫、骑虎难下的精神煎熬。但是，每当人们下决心想要摆脱它时，就会发现匆忙症的根是如此顽固，早已在我们的大脑中盘根错节。

要了解匆忙症为什么会如此根深蒂固，先要了解人类大脑的进化历程。

在人类大脑的进化历史中，旧脑是最先出现的脑，位于我们后脑勺的部位，这个部位的神经中枢主要负责人类的生理需求，根据本能采取行动和做出反应，比如呼吸、心跳、消化、睡眠、食欲和性欲等，即使处于深睡眠之中，这个脑也不会停止运行，但是，它并不涉及任何感情和理性思考。

随着生命的进化，人类又出现了中脑，中脑比旧脑大，功能也更复杂。中脑的神经中枢主要负责人类的情绪，又叫情绪脑。神经外科医生绘制出了中脑神经元的分布位置，他们可以把一根电击针植入受试者的脑中，然后通过以毫安计算的电流，让受试者产生相应的情绪反应，例如焦虑、愤怒、欣喜或者沮丧。

最后出现的是新脑，位于人的前额，主要由大脑皮层组成，人类与其他动物最大的区别就在新脑的大小，特别是额叶的大小。额叶负责我们的思考、判断、自我认知和处理问题的能力，所以又叫理性脑。

人类的进化主要就是脑额叶的成长。

人脑中的每一部分都有其特殊的职能，它们相互配合，保证生命运行。

在人类高贵的头颅中，藏着三个不同的脑，要处理好危险和威胁，我们必须调动这三个脑，让它们处于活跃、互动和平衡的状态，让本能、情绪和理性协调一致。具体运转是，爬行动物脑在做出本能反应之后，会迅速将危险的信息传递给情绪脑，情绪脑立刻做出情绪反应，或者愤怒，或者恐惧，再迅速将带着情绪的信息传递给理性脑，最后由理性脑做出智慧的决定，并对面临的危险采取更准确更有效的反应和行动。

当然，在情况危急的时候，信息还未传递到理性脑，我们就会凭借本能采取行动。例如，你正坐在办公室中，突然听见身后"砰"的一声巨响，不容思考，你就会腾的一下从座位上蹿起身来，等理性脑判断清楚原来是书架上的书籍掉了下来，你才不会进一步采取行动，不过这时你的心还在怦怦直跳，血液也迅速集中在四肢上，随时可以作出"或战或逃"的反应。

将危险和威胁自动设置成默认

人类的祖先最早在丛林中生存，常常会遇到这样两种情况：

第一，认为附近的树丛中有一只老虎，但实际上并没有。

第二，认为附近的树丛中没有老虎，但实际上却有一只，正虎视眈眈。

人类被创造出来不是为了快乐，而是为了生存。所以，为了能够生存下来，人们做出的选择是"宁可信其有，不可信其无"。毕竟"信其有"仅仅是让人承受恐惧和焦虑，而"信其无"的代价则是命丧虎口。

不过，丛林中的老虎，我们一眼就可以辨认，而社会生活中的老虎仅仅凭借爬行动物脑是无法分辨的，那些笑脸相迎的人很可能在背后捅刀子，那些彬彬有礼的人很可能极其阴险，很多人和事，只有"细思"，才会"极恐"。

"细思"需要我们充分发挥理性脑的作用，认真深入全面地思考，努力接近事情的真相，准确判断哪些是真笑、哪些是假笑。如果理性脑的作用没有得到充分发挥，人就容易走向两个极端：一是相信世界上的一切都是美好的，到处都是蜜枣；二是认为一切都不值得信任，到处都是棍棒。第一种人天真幼稚，终将被生活的磨盘无情碾压；第二种人则始终处在恐惧和焦虑之中，常常陷入匆忙。

对于第二种人来说，他们理性脑的能力并没有得到充分发挥，而爬行动物脑和情绪脑始终在控制着他们的行为。

在他们的大脑中沉淀了太多危险的想象和负面的情绪。即使是风吹草动，他们也会坐卧不安。比如工作中没有按时完成任务，就担心会遭到老板的严厉训斥；听到一点利空消息，就担心股价会下跌；恋人多次没有接听自己的电话，就担心对方是不是变心；等等。即使没有任何坏事发生，那些固有的恐惧也会像基因一样植根在他们的身体中，随时随地准备本能地采取下列措施：

第一，大脑把焦虑和担心自动设置成默认，就如猴子一直警惕地四处张望，搜索任何即将猛扑过来的敌人一样。

第二，不遗余力将自己与世界中潜在的危险因素隔离。

第三，在惊恐不安中变得匆忙。

将危险和威胁自动设置成默认，虽然是一种很重要的自我保护策略，但它也如同一副厚厚的盔甲，限制了我们的生活和工作，消耗了我们的幸福感。由于大脑设置成自动默认，我们就总是对这个世界充满警惕，觉得周围到处都是危险，稍微松懈就会付出承受不起的代价。

我们把恐惧的丝线编织进过去和未来的精神挂毯中，不敢向外敞开心扉，也不能客观全面地看见真实的情况：老板并不会训斥我们，恋人也不会抛弃我们，我们的情况可能并不完美，但绝对没有想象的那么糟糕。生活始终是复杂的，不是非黑即白，坏的事情中有好的成分，好的事情中也有坏的成分。没有任何一件事情是绝对好，或者绝对坏的。这需要我们通过理性脑仔细深入全面思考，才能获得答案。

但自动默认设置不会去区分这些情况，不管是100万年前剑齿虎的张牙舞爪，还是今天早上老板微微皱起的眉头，只要遇到问题，我们统统都会一触即发，立刻拉响警报。尤其值得注意的是，这些警报并不会很快解除，因为自动默认程序不仅会将我们心中的假想敌当成真实的敌人，还会把情绪脑中的那些负面情绪，诸如紧张、焦虑、无助和沮丧当成敌人，拼命与之战斗，这便不可避免地让我们疲于应付、筋疲力尽、脆弱易怒。这就是匆忙症产生的生理性根源。

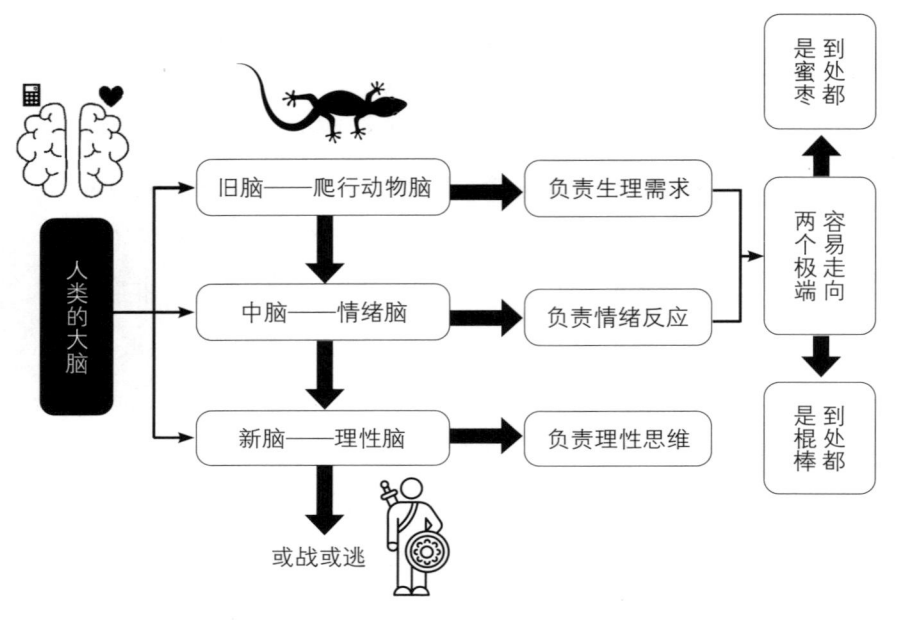

```
人类的大脑
 ├── 旧脑——爬行动物脑 → 负责生理需求
 ├── 中脑——情绪脑 → 负责情绪反应
 └── 新脑——理性脑 → 负责理性思维
          ↓
        或战或逃
```

两个极端 容易走向：到处都是蜜枣 / 到处都是棍棒

大脑的三个部分相互配合

匆忙症患者的脑中负责恐惧的神经元非常强大

出租车司机的特长：精准送达目的地

英国伦敦大学的埃莉诺·马奎尔教授在一项著名的研究中发现了一个秘密——"神经可塑性"。

马奎尔教授的研究对象是伦敦出租车司机。伦敦有25000多条密密麻麻的街道，犹如迷宫，很多人都摸不清方向。面对这样复杂的布局，伦敦出租车司机却能够很轻松地选择捷径将任何一个客人精准地送到他们想去的地方。

那么，这些出租车司机与其他地方的司机有什么不同呢？马奎尔教授和同事通过功能性磁共振成像技术发现，这些出租车司机大脑中海马体后部的灰质较多，对鸟类、兽类以及人类而言，海马体后部的灰质是与空间导航能力有关的脑区。

更引人注意的是，马奎尔教授发现驾龄越长的人，其海马体中的灰质就越多，而其他非出租车司机，大脑海马体后部的灰质则明显较少。

研究还显示，伦敦出租车司机的这些特长并不是天生的，而是通过学习和亲身实践获得的。

这个著名的研究，有力地证明了学习和经历可以让大脑的生理结构发生真实而深刻的变化，并不是像以前科学家所说的大脑一旦定型就无法改变。我们的大脑从未停止过改变，从出生的那一刻，到死亡的那一天，大脑始终在不停地学习，不断地改变。

匆忙症患者的自动默认设置，与神经可塑性密切相关。

很多年前，人们一直认为大脑一旦发育成熟，便定型了，不会再有多大的变化了，所以，一个人的智商永远不会改变。但是，现在的研究表明，大脑具有一种重新组合的能力，它可以打破旧的神经网络，建立起新的网络，人们将这种现象称为"神经可塑性"。

人的大脑共有 1 万亿个细胞，其中包括 1000 亿个神经元。神经元是大脑神经系统最基础的构成单元，大部分神经元每秒钟会启动 5～50 次，即使在你睡觉的时候，大脑中也会有千万亿神经信号处在活跃状态，所以大脑非常忙碌。虽然大脑只占人体总重量的 2%～3%，却需要消耗血液中大约 25% 的葡萄糖。难怪它总是提醒你，要按时吃饭。

大脑中平均每个神经元会连接 5000 个其他神经元，组成密密麻麻的神经网络，而这些神经元如何连接、与哪些神经元连接、组成了什么样的网络，则决定着一个人的情绪和行为倾向。有的人随遇而安，有的人忙忙叨叨，有的人心平气和，有的人容易焦虑愤怒，在很大程度上取决于这些神经元所组成的网络。

那么，这些神经元是如何来进行连接的呢？"神经心理学之父"唐纳德·赫布为我们揭开了其中的秘密，他说："一起活跃的神经元会聚集在一起。"

神经可塑性具有两面性

不过，"神经可塑性"是一把双刃剑，它有积极的一面，也有消极的一面，例如，你对某件事情练习得越多，大脑某个区域的神经元就会越活跃，而这些活跃的神经元聚集起来，连在一起，逐渐就会形成一条"精神上的轨道"，这样的轨道一旦建立起来，就会变得牢固，难以消除。这种情形如同一块草地，原来并没有路，你第一次从草地上走过的时候，有很多条路可以选择，但是每天你都沿着同一条路行走，日积月累，草地上就会踏出一条深深的道路。

在大脑中，重复做一件事情，意味着你反复刺激同一区域里的神经元，这些相对活跃的神经元会与其他神经元连接，组成一条通道，以后遇到同样的问题，或者相似的问题，你不用深入思考，不用动脑子，就可以按图索骥，自动采取行动和反应，因为大脑已经开启了默认操作的模式。但是这也不可避免地带来了三个问题：

一是，这些神经元连接起来形成固定的通道后，会让人变得固执，不容易改变，例如许多经验丰富的人，他们的大脑会变得僵化，行为会变得顽固，积习难改。

二是，这些神经元的连接也意味着画地为牢，而陷入其中的人被困在旧模式中，眼光也变得狭隘，很难处理生活和工作中出现的新情况、新问题和新变化，他们试图用老办法解决新问题。

三是，相对活跃的神经元会变得越来越强大，而那些相对不活跃的神经元则会在孤单中逐渐变弱。

以匆忙症为例，在匆忙症患者的大脑中，与匆忙有关的神经元纠结在一起，形成了根深蒂固的网络，一旦遇到问题，它们就会自动开启——

首先，大脑中与危险相关的神经元会变得十分活跃，它们一方面搜索着外部环境中可能带来的危险和威胁，另一方面将过去的伤害记忆调取出来，紧紧盯着事情消极的一面，忽略事情积极的一面。在匆忙症患者的大脑中，负责恐惧的神经元非常强大，而负责安全感的神经元却非常弱小。与正面刺激相比，他们会对同等强度的负面刺激反应更强烈。他们更容易从伤痛中吸取经验教训，而不是从愉悦中感到满足，对他们来说，痛苦的经历往往比愉悦的经历更让他们难忘。正因如此，在吸收负面信息和情绪时，他们就像海绵，越吸越多；而在吸收正面信息和情绪时，则像竹篮打水，很快就会从缝隙中流走。

　　接着，负责焦虑的神经元也会自动活跃起来，一刻不停地担心，并将这种担心放大，认为不解决这些问题，自己就寝食难安，似乎世界末日就要来临一般。与此同时，与焦虑神经元相连接的负责抱怨的神经元、负责自责的神经元、负责愤怒的神经元、负责怀疑的神经元等，都会一起活跃起来。

　　最后，在恐惧感、压迫感和紧张感的驱使下，在那些活跃的神经元自动默认的操作下，人们不由自主地陷入匆忙症，并导致一系列生理和心理问题：心脏病、消化不良、腰痛、头痛、失眠症、注意力缺失症、内分泌失调等。

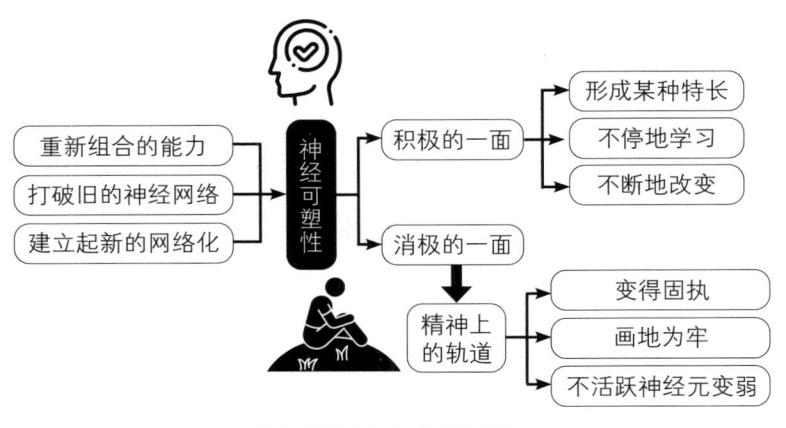

神经可塑性具有两面性

部分神经元很活跃，让匆忙的人更匆忙

现在，很多人拥有私家车，以车代步成为流行。张强是一线城市的白领，最近他通过零首付买了一辆新车，就开车上下班。没想到，他不开车还好，越开车人越愤怒，原本斯文的年轻人最终变成了暴躁的"路怒狂"。

第一天，张强开车上班，遇到交通拥堵，上班迟到了，被公司罚款了 200 元。张强的心情开始变得烦躁起来。

第二天开车上班，张强的车被别的车剐蹭了一下，他连忙打电话叫交警，可是交警很久才来处理。他因此请假一天，忙着处理爱车索赔的事，一天的工钱也没有了。张强的心情变得愤怒起来。

第三天开车上班，张强好不容易在公司附近找到一个车位，而且快要迟到了，他得马上停车。没想到，这时有一辆车强行超车并插入那个车位。这时，张强暴跳如雷，他冲过去，走到插位司机的车窗前，狠狠扇了他几个耳光，嘴上还骂骂咧咧。被打的司机果断报警，张强马上被请到派出所，接受"训诫教育"。张强忙着写检讨、写保证，向被打司机道歉，还要

忙着回公司处理一大堆工作。一天的心情糟糕透了，既郁闷又愤怒。

自从有了车之后，张强似乎变成了另外一个人，动不动就发怒，一发怒就控制不住要打人。有时候，他一边开车一边骂别人开车技术不行。自己出了交通事故之后，他就骂保险公司和交警人员没处理好。回到家后，他还要骂孩子打老婆，继续宣泄自己的愤怒……

张强之所以变成了"路怒狂"，是因为有了车之后，负责愤怒的神经元越来越活跃，自己因为愤怒造成了严重后果，又不得不匆忙去处理，结果越愤怒越匆忙，越匆忙越愤怒。

大脑神经活动还遵循一条规律：相对活跃的神经元会变得强大，相对不活跃的神经元会逐渐消退。这一方面意味着，愤怒的人越容易愤怒，匆忙的人越容易匆忙，分心的人越容易分心，因为在这些人的大脑中负责愤怒、匆忙和分心的神经元一直处于活跃的状态中，已经变得十分强大。另一方面也说明，当负责愤怒、匆忙和分心的神经元变得活跃强大的时候，那些负责冷静、笃定和从容的神经元则慢慢消退、沉寂。这样一来，不可避免会让我们在生活和工作中戴上有色眼镜，只看见负面的信息，而看不到正面的信息，陷入片面和目光短浅中。也就是说，片面和目光短浅的生理原因是大脑中一部分神经元很活跃，另一部分则很沉寂，从而导致人们不能全面深入地看待问题。

"神经可塑性"的研究表明：每时每刻，不管你感知到的是什么——声音、感觉、想法，或者你内心最深处的渴望，它们的基础都是神经活动。心理活动与神经活动之间存在着非常密切的关系。当大脑中神经元的连接发生变化时，你的想法也会随之改变；反之，当你的想法改变后，大脑中神经元的连接也会发生变化。

这就说明，我们经常所关注的东西，所思考、所感受的东西，都在改变着我们的神经系统，塑造着我们的大脑。正如那句西方谚语所说：你想什么你就是什么，你是你思考的结果。你存在于你思考最多的地方；你不存在于你很少思考的地方。

匆忙症患者容易陷入比较的陷阱

"你为什么那么匆忙？"有人曾经问一位匆忙症患者。

"我是在寻找存在感，因为一个人安静的时候，我感觉不到自己的存在，我必须在比较中去寻找。"他回答说。

匆忙症患者越比较越匆忙

匆忙症患者都喜欢比较，他们喜欢与别人比较谁的工作好，谁赚得多，谁的房子大，谁的车子漂亮，他们生活在比较之中，极力寻求外在的肯定，并以此来感受到自己的存在。

人一旦陷入比较的陷阱，就很难自拔，比较不仅会陷入与别人的矛盾之中，也会陷入与自己的冲突之中。因为有了比较之心，我们不仅会与别人比较，也会与昨天的自己比较，让自己陷入昨天与今天、过去与当下的矛盾，内心充满了遗憾和悔恨。这种尖锐的情绪犹如一把利刃，把真实的自己割裂，使自己永远生活在躁动不安和匆忙之中。

一经过比较，我们就会失去内心的笃定和从容，开始追逐更多的东西，希望自己变得更聪明、更漂亮、更有成就。

当然，追逐自己的欲望并没有错，错的是你追逐的那些东西并不属于你，也不是你真正想要的。你不断去敲别人的门，怎么能找到自己的归宿？在比较中，你模仿别人，把完整的自己一劈为二：一个是本来的样子，一个是应该的样子。而应该的样子只不过是你投射出来的虚幻标准，正是它肢解了完整的你，消耗了你的生命力。

莎士比亚说："最痛苦的是我们要从别人的眼中看幸福。"

每个人身上都有耀眼的地方，但是匆忙症患者更擅长发现别人的闪光点，他们常常羡慕朋友的美丽大方，感叹同学的聪明伶俐，嫉妒同事的效率高。在比较中，他们的内心失去了支撑点，坍塌下来，生命也没有了方向。

对很多匆忙症患者来说，不管是说话还是做事，都会不由自主地进行比较，比较已经成为他们盘根错节的习惯，因为他们大脑中这部分神经元早就变得无比健壮。

比较是将目光向外，在目不暇接中，人们丧失了对自我的认识，以及内心的完整和统一。法国哲学家柏格森说："没有自我的世界是死寂的世界，没有世界的自我是空洞的自我。"匆忙症患者在忙忙碌碌中，做什么事情都浅尝辄止，无法生根，所以，他们的世界里没有自我，是死寂的世界。同样，虽然匆忙症患者从早忙到晚，但由于仅仅是出于自我保护的需求，以及寻求安全感和攀比的心理，而没有深入内心，付出真诚、激情和爱，他们并不能从世界中获得多少存在感，总是空落落的，所以，他们的自我是没有世界的自我，是空洞的自我。

匆忙症患者大多缺乏安全感

患有匆忙症的人，大多数都是缺乏安全感的人，他们之所以匆忙，实际上是在寻找安全感。 也许从童年开始，他们大脑中负责危险和威胁的神经元就开始受到刺激，随后一次次重复刺激，逐渐变得活跃和强大，以至于形成一种根深蒂固的"消极偏好"——即使在安全的环境中，也会小题大做，神经过敏，发现很多不安全的因素，让自己忧心忡忡。

心理学家一致认为，真正的安全感来自童年，如果童年时，父母能够给予我们无条件的爱，接纳我们，这种被认可的感受就会刺激大脑中与之相关的神经元，随着不断地重复刺激，这部分神经元慢慢就会变得活跃和强大，成为我们积极生活的基础，并将伴随我们的一生。这是一种生活和生存上的安全感，有了这种安全感，我们才能变得自信，并敢于信任他人、信任世界，人们把这种信任称为原始信任。

原始信任是我们内心的港湾，能够给予我们支持和保护。然而，匆忙症患者的童年往往是不美好的，他们在家中得不到信任，没有安全感，内心一直无家可归。他们希望通过外在的忙碌来获得内心的安全，但是任何对心外之物的追逐都无法确保我们免遭痛苦和折磨。

在充满危险也充满机会的世界中，追求安全感无可厚非，但是我们不能只满足于成为一个"幸存者"，而不去追求生命的花开。能够幸存下来，当然令人骄傲，但如果我们就此止步，就会作茧自缚，无法发挥我们全部的能量，无法成为完整的自己。

患有匆忙症的人通过不断地比较，努力活成了别人的样子，渐渐迷失了自我；再加上他们缺乏安全感，人生匆匆忙忙，无时无刻不在寻找安全的港湾，一生疲于奔命，为生存而战、为安全而战，根本无法做自己想做的事情，最终无法成为真正的自己。

索伦·克尔凯郭尔在《致命疾病》一书中说："无法成为自己是一切绝望的根源。"**成为自己，是我们的归宿。但是对于匆忙症患者来说，他们的精神一直无家可归，一直在流浪。**

第6章

匆忙症的终结：
清除认知粘连，彻底摆脱匆忙症

匆忙症患者通常会出现认知粘连现象

拼命挤上电梯的李强

李强是一名投资分析师,在一家投资公司工作,一天早上,他急急忙忙赶到办公大楼时,由于上班的人太多,没有挤上电梯,他的脑海随即闪现出一个念头:"上个月迟到后被上司狠狠批评了一顿。"随着这个念头的出现,他开始恐慌,一边紧盯着电梯运行的情况,一边不停地抱怨电梯太慢,变得越来越焦躁。

当电梯终于下来时,他一个箭步冲上去,由于动作幅度太大,撞上旁边的一位女士,引来别人的侧目,之后又不得不为自己的莽撞连连道歉。可是到了办公室后,才发现离上班的时间还有一刻钟,自己根本没必要那么紧张焦急。

对李强来说,刺激他变得匆忙的触发事件是没有挤上电梯,但他的反应为何会如此过激呢?这是因为他头脑中的一个想法,即"上个月迟到后上司狠狠批评了我"。人的大脑不仅会对外界的刺激和当下发生的事情做出反应，更会对内在的想法、过去的事情，以及未来的事情做出反应。大脑的这一功能有利于我们吸取过去的教训，计划未来，但是它带来的副作用也十分明显。想法是主观的，不一定符合事实，但恰恰是这些主观的想法会引发并刺激我们的情绪。

任何情绪都是由想法支撑着的，如果没有想法的支撑，情绪转瞬即逝，例如在狼吞虎咽吃饭前，你心中可能已经产生了这样的想法——"我还有一大堆工作没有完成"。在愤怒之前，你可能已经有了这样的想法——"他这是对我的不尊重"。在变得焦虑之前，你可能已经产生了这样的想法——"我已经远远落后于他人，无论是收入、见识还是社会地位"。这些想法虽然在大脑中一闪而过，但就像一只无形的手按响了大楼里的火警警报器，让你的情绪陡然升级，并果断采取保护措施。

当李强想起上个月迟到的事情时，顷刻之间，警报器铃声大作，那些大脑中的神经元活跃起来，到处串联，最后促使他的行为变得夸张和莽撞。如果当时李强能够冷静下来，动脑子想一想这次与上次的情形有什么不同，肯定就不会那么匆忙了。上次是因为上司前一天提醒过他，第二天有一个重要的会议，而他却偏偏迟到了，还整整迟到了两个小时，严重耽误了公司的工作。而这次等电梯用不了三五分钟，李强却将它看成与上次一样，这种现象在认知心理学上称为"认知融合"，即把主观想法当成了事实。

不过，"融合"这个词有融会贯通的意思，容易让人误解，而用"粘连"这个词则更贴切一些。所谓"认知粘连",就是分不清、拎不清,眉毛胡子一把抓,生拉硬扯将昨天的事情装在今天的篮子里,将当下的事情装在未来的篮子里。

很多人像李强一样匆忙,匆忙是不过脑子的快,之所以不过脑子,从生理心理学的角度来看,是因为大脑中的这部分神经元已经形成了牢固的通道,只要遇到刺激,这些盘根错节的神经元就会躁动起来,呼朋唤友,展开轰轰烈烈的大串联,让我们的想法、情绪和行为进入自动驾驶模式,而自己则丧失了自由意志,完全不能做主,眼看着将事情弄得一团糟。

匆忙症患者通常会出现认知粘连现象,从认知心理学的角度看,是负责想法、情绪和行为的神经元粘连到了一起。很多匆忙症患者并未意识到匆忙会给他们带来麻烦,通常情况下,他们无法控制自己,总是不由自主陷入焦虑,身不由己变得烦躁,不加思考地即刻着手运作,最后在筋疲力尽中追悔莫及。

想法与情绪、行为的串联

人们之所以出现认知粘连,是因为人们将主观想法混淆成客观事实,然后无意识地自动将想法与情绪、行为进行串联。

比如,如果有人问你情绪怎么样,你回答:"我觉得根本没人能理解我。"你谈的实际上并不是情绪,而是一种想法。人们常常会对行为和情绪不加分辨。如果让你描绘愤怒这种情绪,你脑海里想到的也许是冲别人叫嚷、摔碎东西,但这不是愤怒的情绪，而是愤怒导致的行为。人们之所以容易把情绪、想法和行为混为一谈，是因为它们彼此之间联系得实在是太紧密了。

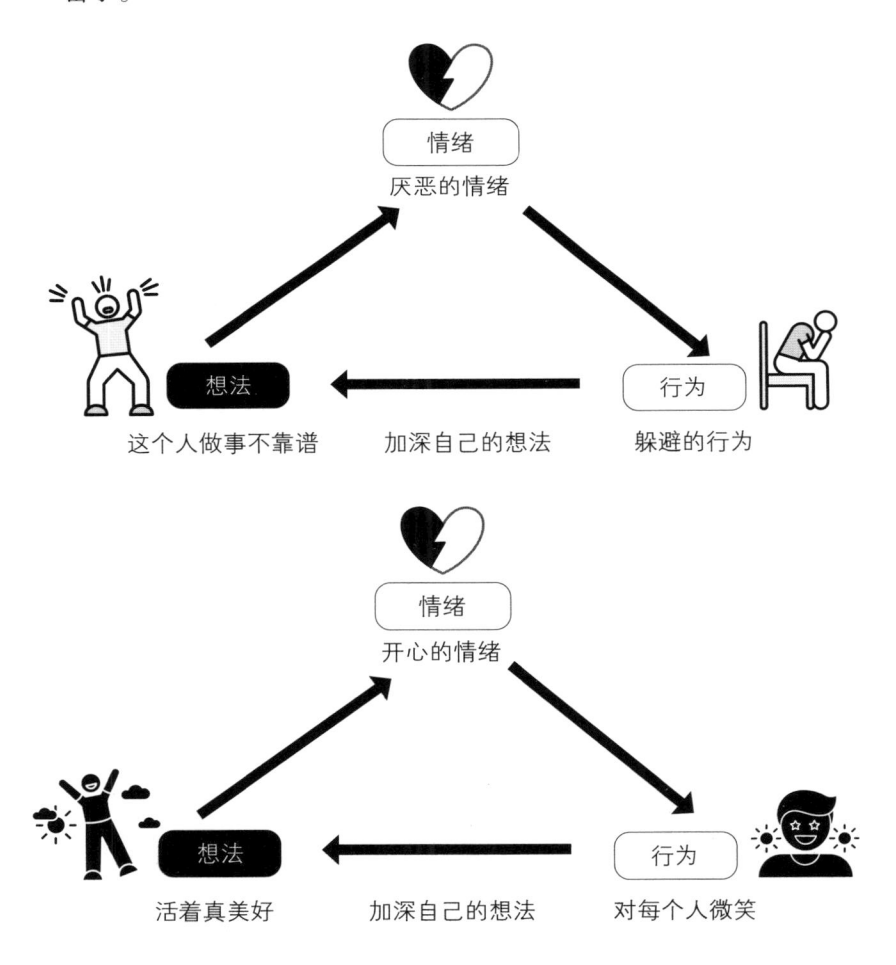

情绪
厌恶的情绪

想法
这个人做事不靠谱　　加深自己的想法　　躲避的行为
行为

情绪
开心的情绪

想法
活着真美好　　加深自己的想法　　对每个人微笑
行为

想法与情绪、行为的串联

如图所示，想法会影响情绪和行为。譬如，你认为某个人做事不靠谱，就会对他产生厌恶的情绪，并采取躲避的行为。反过来，情绪也会影响想法和行为。例如，当你心情很好时，可能会产生这样的想法——"今天好开心，活着真美好！"落实到行为上，你可能微笑着与公司里每个人打招呼。

想法—情绪—行为，这三者密切相连，但并不意味着它们是一回事情，可以粘连到一起。如果不加以区分，让它们纠结在一起，相互推波助澜，一浪高过一浪，就会远离事情的真相，即使一件小事，也会如临大敌，最后淹没在强烈情绪的汪洋之中。

读下面的句子，区分哪些是想法，哪些是情绪和行为。

①我上班可能要迟到了。
②我对前途感到焦虑。
③我反感新来的上司。
④我担心自己找不到理想的工作。
⑤我气愤地把书摔在桌子上。
⑥我和妻子发生了争吵。
⑦我在听音乐。
⑧上司批评了我，我很生气。
⑨我害怕飞机坠落。
⑩我每天都很忙碌。

我们可以将人心想象成一个宁静的湖面，一阵风吹来，湖面荡起涟漪，这涟漪就相当于人的情绪。情绪是对外界刺激做出的内部反应，是波动在内心的涟漪。

但是，人心毕竟不同于湖面，对湖面来说，涟漪仅仅是一种物理反应，多大的风激起多大的浪，对人心来说，则要复杂得多，很大的刺激或许激不起一朵浪花，很小的刺激或许能掀起轩然大波。

每个人的内心都是一个与众不同的"湖"，对外界的刺激也都有不同的反应。

人心的复杂不在别处，而在想法。人是想法最多的生物，不仅对外界的刺激做出情绪反应，更会对内在的想法做出情绪反应，令情绪变幻莫测。

讲一个朋友的故事。有一位朋友曾经十分害怕坐飞机，每当遇到气流，飞机颠簸时，他就恐惧得要命，双手紧紧抓住座椅的扶手，身体僵硬、脸色苍白，内心的情绪翻江倒海，而身边的人则若无其事，空姐的笑容依然那么灿烂。

同样的刺激，为什么他的反应如此强烈呢？这是因为他心中的想法——我害怕飞机"万一"坠落，死于非命。

飞机遇到气流颠簸是一种物理现象，十分正常，没有任何证据表明飞机要出事，如果单纯去看待，最多感到有些摇晃，或者产生轻微的烦躁，不至于像他一样，感觉这或许是自己生命的最后一刻。

在他的内心究竟发生了什么呢？粘连，外界刺激与内心想法的粘连。

飞机颠簸是来自外界的刺激，当这一刺激与内心的想法粘连到一起之后，颠簸就再也不是一种物理反应，而是成为他"灾难性"想法的明证："你瞧，我本来就担心坐飞机，现在飞机颠簸得这么厉害，万一散架了怎么办呢？"

粘连模式一旦开启，想法就不会就此停止，而是会跟滚雪球一样，越滚越大。他会继续想："如果我死了，我的妻子怎么办？我的孩子怎么办？她们孤苦伶仃，怎么生活呢？"这些想法如火上浇油，激荡着情绪一浪高过一浪，最后导致他产生出这样的行为：惊恐地关注着周围的细微变化，不放过任何危险的线索——空姐皱皱眉、指示灯闪烁、任何响动，都会令他感觉飞机可能要出问题。直到飞机经过气流，平稳飞行之后，他才稍微安心。

从这位朋友的故事可以看出，想法是情绪的驱动力，如果没有"灾难性"的想法，他对飞机颠簸的情绪反应就不会那么强烈。

匆忙症是由衍生情绪推动的

人的情绪可以分为两种，一是原生情绪，一是衍生情绪。

原生情绪是对外在刺激的第一反应，是情绪发挥出的原始功能，没有想法的参与。比如，看见一条蛇，你会产生恐惧的情绪；遇到漂亮的异性，你会赏心悦目。原生情绪是情绪的生物组成部分，能够反映我们正在经历的事情。譬如——

恐惧，反映我们正在经历危险。

伤心，反映我们失去某种东西，譬如丢了工作，或者失去心爱的宠物。

幸福，反映我们获得某种东西，心满意足。

…………

原生情绪与内心的想法粘连到一起，激荡出的情绪就是衍生情绪。衍生情绪有如下几个特征——

第一，它不是单一的，是许多情绪的粘连，譬如，为遭受的羞辱而愤怒，为受到的委屈而伤心，为自己的害怕而羞愧。在飞机上，朋友的情绪十分复杂，有焦虑、恐惧，还有无助和沮丧，五味杂陈，愈演愈烈。

第二，它不是根据现实的经历做出的反应，而是根据对现实经历的想法做出的反应。飞机颠簸时，朋友对现实的想法是"万一飞机散架了怎么办"。朋友强烈的情绪不是对飞机颠簸的反应，而是对"飞机可能失事这一想法"做出的反应。

第三，遭遇同样的刺激，人们会产生相同的原生情绪，但由于不同的生活经历、个性特征和思维惯性，衍生情绪各不相同。

第四，衍生情绪是针对主观想法做出的反应，说明它与现实是脱节的、不真实的、虚幻的。这也意味着，一个人的衍生情绪越强烈，与真相的距离越遥远。譬如，有一位女士曾经对朋友说："今天，把我的肺都快气炸了！"朋友仔细询问究竟发生了什么，她居然想不起是什么引发了她的愤怒。在夫妻之间，这种情况更普遍，双方吵得昏天黑地，后来很可能想不起为什么而吵。

第五，原生情绪是适应性情绪，即为了适应外界而采取的正常反应。虽然这些情绪有的令人快乐，有的令人痛苦，但皆是人不可缺少的，也具有积极的意义，它能够真实反映你正在经历的事情。而衍生情绪则是反应性情绪，它不仅会掩盖原生情绪，还会掩盖事情真实的样子，令事情越来越复杂，越描越黑，远离了事实。

有个经典的比喻，说人们会遭受两支箭的攻击，一支是生活中的苦难，一支是你对苦难的反应。第一支箭是原生情绪，不可避免，第二支箭则是衍生情绪，伤人不浅，却可以避免。有了衍生情绪的人，如同惊弓之鸟，之前曾经被箭射中，痛得要死，以后一听到弓弦的声音，虽然没有中箭，却吓得从天上掉下来。

匆忙症是由衍生情绪推动的，而那些衍生情绪之所以会产生，都是因为内部出现了粘连。

清除认知粘连，才能清除匆忙症

美国华盛顿大学心理学教授，辩证行为心理学的创始人玛莎·莱恩汉博士说："观察情绪，就要学会从情绪中分离出来；控制情绪就得与之分离，方能应对自如。"

导致匆忙的焦虑是一坨情绪

匆忙之人，忙忙碌碌、分心走神、筋疲力尽，这些都是其外在的表现，内心却是诸多想法和情绪的粘连。摆脱匆忙症，就要将这些粘连在一起的东西分离，弄清楚哪些是想法，哪些是行为，哪些是原生情绪，哪些是衍生情绪。

匆忙是一种行为，导致这种行为的情绪是焦虑。

在匆忙症中，焦虑不是一种情绪，而是一坨情绪，粘连着紧张、担心、不安、恐惧，以及一些灾难性的想法。在这一坨情绪中，最初的情绪或许是一点紧张，几经粘连，越变越大，直到忐忑不安、忧心如焚，催生出匆忙的行为。

在这个"粘连"的过程中，"灾难性"的想法是可怕的胶水，每一种衍生情绪都是经过它才粘连上去的。譬如，感到有点紧张时，单纯去看，可能仅仅需要你稍稍突破一下自己的心理舒适区，但如果你产生这样的想法——"万一"我搞砸了怎么办呢？瞬间，这个"想法"就将未来粘连过来，让你设想搞砸后的情形，或者被上司批评，或者被同事嘲笑，或者自我攻击。接着，它还会迅速将过去粘连过来，让你回忆曾经搞砸的那些事情，东粘西连，那一点紧张便膨胀得不可控制。

清除认知粘连的三个步骤

认知分离，清除粘连，可以分为三步。

第一步：捕捉"灾难性"的想法。

被"灾难性"想法所困扰，部分原因在于这些想法是自动产生的，还来不及意识到就被它所控制住。捕捉到自发的灾难性想法，可以放慢反应的速度，腾出时间评估和纠正这些想法。有意识、有目的地尽早识别出自己对于危险和威胁的夸大想法，越早越好。你可以回忆自己变得匆忙之前，产生了哪些想法，还要问自己："我如此匆忙的因素究竟是什么？我真的受到来自外面的威胁，十万火急，必须得忙碌起来吗？"比如，你不断变换车道是真的有要紧的事情，还是因为内心的焦虑不安？如果是内心的焦虑，那么你就应该将注意力抛锚在焦虑上，仔细想一想，是什么样的想法让你感到焦虑的？

像其他技能一样，想要学会捕捉到自发性焦虑想法，需要不断练习。对有些人来说可能会很容易，但对另外一些人而言可能会有点难。不管你的起点是怎样的，只有这样才能提高自我的监控能力。

第二步：收集证据。

你可能看过《犯罪现场调查》(CSI)这部电视剧，节目中最流行的一句话是："证据是怎么说的？"或者"让证据说话"。如果你对灾难性想法采取同样的方法，用证据来证实或否认想象中的危险，结果会怎么样？如果你担心自己完不成工作，你有什么依据呢？又有什么证据能表明老板会炒你鱿鱼呢？

以侦探的眼光审视自己的想法。收集证据能够纠正你对威胁和危险的夸张估计，清除认知粘连。譬如，每当陷入落后于他人的想法时，投资分析师李强都会变得心神不宁，进而让行为陷入匆忙。这种想法令他太焦虑了，以至于他开始相信就是自身能力不够，不如他人勤奋。每当李强的脑子里又冒出来"这样的想法"时，他可以分别收集支持和反对这一想法的证据来推翻先前夸张的灾难性想法。

第三步：接纳不确定性。

拿出勇气，曝光自己，接纳生活和工作中的不确定性。"曝光"(exposure)是指：有计划地、反复地、长期地接触那些会引起焦虑的外部物体、情境、刺激，或者内部产生的想法和记忆。换句话说，曝光就是让你鼓起勇气走向内心，与自己建立起深刻的联系，不执着于外面的匆忙。曝光自己，直面内心，需要决心、勇气和承诺。反复有规律地长期曝光焦虑的触发因素，会令匆忙症持续减轻。

杨梅的"曝光"计划

"曝光"可以被认为是一种"脱敏"（desensitization）方式，心理上的脱敏，是增强敏感神经的耐受力，减弱对刺激的反应强度，即尽量阻止衍生情绪的产生。

一个"曝光"计划，可以分为几个步骤：第一，接纳不确定性；第二，带着不确定性行动；第三，减少对安全感的依赖。

杨梅是一位自由插画师，也是匆忙症患者，但她不知道自己为什么这么匆忙。反正早上她一睁开眼睛，就想着：这个月要还房贷、车贷，还有孩子上幼儿园的费用，一大堆费用要交，所以自己需要加倍努力才行。

于是，她穿着睡衣马上扑到电脑面前，通过各大接单平台和即时通信工具，询问每位客户，要不要插画。当客户给她发来大大小小的插画设计单之后，她就拼命去完成，一边画线稿一边上色，左右开弓，连上洗手间的时间、吃饭的时间以及睡觉的时间都没有了……

在学习了匆忙症治愈的课程之后，杨梅开始为自己执行

"曝光"计划，鼓起勇气走向自己的内心，探究自己匆忙的原因，不再执着于表面的匆忙。最后她得出真相，由于自己的经济压力太大，让她变得匆忙起来。为了改变匆忙症，她实施了三个步骤。

第一步，接纳不确定性，接受了自己作为自由插画师收入不稳定、不确定的现实。

第二步，带着不确定性行动，因为她自己的收入不稳定，所以她卖掉了房子、车子，转为租房子、坐公共交通工具，大幅度减少支出。

第三步，减少对安全感的依赖，除了正常接插画设计单之外，她与其他培训机构合作搞起了插画培训，多渠道增加收入，减少对插画单的依赖。

杨梅过去没有插画单就没有饭吃，没有插画单就没有安全感，现在她即使没有插画单，还有培训费可以支撑日常的生活。

通过实施以上三个步骤之后，她变得越来越安定，日常起居也正常了，不再像以前那么匆忙，还可以腾出更多时间来研究插画艺术。

结果，杨梅的插画水平越来越高，她还有时间参加全国插画设计大赛，并屡获奖项。这样她根本不用在网上拼命找插画设计单了，很多单位都是慕名而来，而且开出的酬劳更高，给出的工期更长……

故事中的杨梅，判断出自己之所以变得匆忙，是为了改变经济状况，寻求安全感，让自己感到安心和踏实。对安全感的过度追求，让她惶惶不可终日，变得更加匆忙、精疲力竭，后来，她通过"曝光"计划的三个步骤，摆脱了对安全感的过度追求，最终摆脱了匆忙症。

升级生命操作系统，用"婴儿"境界消融匆忙症

在匆忙症中，我们使用了一套过时而僵化的操作系统，这套系统是从祖先那里继承下来的，最初的模板是"或战或逃"。感到焦虑时，我们变得急不可耐、心急如焚、不加思考，就会加快步伐，一刻也不停留，一刻也不耽搁，直到自己感到安全为止。在我们看来，既然"或战或逃"的操作系统可以让我们成功战胜危险，那么，我们也可以通过匆忙的行动来获取安全感。

匆忙症患者那套僵化的操作系统

正因如此，一个害怕失去工作的人会拼命工作，一个害怕被别人看不起的人会拼命讨好别人，一个害怕孤独的人会拼命追逐热闹，一个害怕看见真相的人会拼命追逐虚荣，而一个内心焦虑的人会拼命追逐忙碌——如果一种无底的焦虑永不知足地隐藏在一切的背后，那么，生活除了匆忙之外又能是什么？

但是"或战或逃"这样的操作系统已经老旧，不可能让你

获得真正的安全感，也无法消除你心中的焦虑，反而会加深焦虑，让你的匆忙症变得越来越严重，越来越厉害。在这套老旧的操作系统中，一切反应都是自动发生的，即使是那些灾难性的想法也是自动粘连，很难察觉，迅速而汹涌，没有给思考留下时间和空间。

著名心理学家维克多·弗兰克尔是纳粹大屠杀中的一名幸存者，他曾经说过一段意义深远的话："在刺激与反应之间，有一片空间。在那片空间里，我们有能力选择自己的反应。在选择性反应中，我们获得了成长与自由。"

但是，对于使用陈旧操作系统的人来说，在刺激与反应之间不存在任何空间，一切皆是僵化的自动化反应。例如，遇到交通堵塞，他们会自动陷入负面的想法："真讨厌，又堵车了，我还有急事要办。"这个想法会让他们的情绪陡然变得焦躁不安，接着被迫做出这样的行为：不停地按喇叭。从遇到堵车到按喇叭之间几乎是一触即发，自动进行，没有留下思考的空间和余地，就像膝跳反应——只要小腿自由下垂，轻轻敲击膝腱，引起股四头肌收缩，小腿就会急速做出前踢的反应。匆忙症也是这样，只要触碰那根敏感的神经，那些粘连在一起的东西就会急速做出反应，中间没有思考的时间，也不给自由意志提供选择的机会。

这套生命操作系统最大的问题，就是压缩了维克多·弗兰克尔所说的"有一片空间"。没有这片空间，思考就没有自由，精神也就没有成长的地方。实际上，不管是焦虑症不由自主地紧张和担心，还是抑郁症抑制不住地心灰意冷，都是因为失去了这片空间，进入自动反应模式，不能自主驾驭自己的情感和行为。心理治疗的目的，就在于重新找到，或者重新建立那一片空间，升级你生命的操作系统。

在旧有的操作系统中，你的想法是储存在脑细胞中的记忆的一种反应，并不是针对新出现的事情的认知，这时你的想法是对现实的扭曲，你会用昨天的故事诠释今天的内容，即使面向未来的想法也会投射昨天的影子。而你根据昨天的知识和经验看待当下的事情，必然受制于昨天的你，也看不见今天的真相。

一位匆忙症患者对心理咨询师说："我冷静观察自己时，我发现我的大脑非常忙碌，以前从来没有注意过，但这种忙碌只有两种模式——重复过去或者活在未来，几乎不在当下停留。"匆忙症患者之所以做事效率不高、容易疲劳，原因就在这里。他们不是在大脑中重复过去的事情，就是预演未来的事情，而对当下新鲜的生活缺乏感知。由于认知粘连，匆忙症患者的心理已经僵化，生活已经变成了一个概念。他们会为了一个概念——比如"成为一名财富精英"，而日夜奔忙，不能享受丰富多彩的生活，最后一年忙到头却觉得忙得毫无意义，内心被一种沉重的空虚感所淹没。

每天我们都扛着千万人的看法以及自己的经历活在世上，随着这些东西在心中积淀，它们逐渐形成一个个概念，这些概念如同牵牛的绳子，当下的生活才是那头能吃草、能耕地、能哞哞叫的牛，如果牢牢抓住概念的绳子，就会误认为牛就是绳子，绳子就是牛，即使牛挣脱绳子跑掉，你也毫无察觉。我们的大脑能够帮助我们解决问题，但同时也会制造问题，做出错误的判断，蒙蔽、误导我们，炮制出一系列心理陷阱，让我们沦陷其中。

清除认知粘连，废除自动化反应后，我们在刺激与反应之间便有了一片空间，可以不受束缚地活在当下，自由感知此时此刻发生的事情，既不让过去那些经历和记忆影响今天的判断，也不对未来忧心忡忡。对于这种美好的精神状态，许多伟大的哲学家、心理学家，或者诗人，都分别从自己的角度进行过描绘。

精神的三种境界：骆驼、狮子和婴儿

尼采说："人的精神有三种境界——骆驼、狮子和婴儿。第一境界是骆驼，忍辱负重，被动地听命于别人或者命运的安排；第二境界是狮子，把被动变成主动，由'你应该'到'我要'，一切由我主动争取，主动负起责任；第三境界是婴儿，这是一种'我是'的状态，活在当下，享受现在的一切。"

尼采所说的婴儿境界，其实就是认知粘连和自动化反应彻底清除后的状态，他在其他地方对此有过更详细的解释，他在《查拉图斯特拉如是说》中说："许多伟大的思想就其表面来看，似乎与风箱没有什么两样，但当其鼓胀作响时，内里却空空如

也。"这里所说的"风箱""空空如也",指的就是认知粘连被清除之后,没有自动化反应,没有套路,没有成见,内心的那种清澈和澄明。他还进一步补充说道:"智慧基本上就是天真。知识是自我,而智慧就是自我的消失。知识使你充满信息。智慧使你成为绝对的空虚,但是那个空虚是一种新的填充。那是一种空间性。"

"婴儿""天真"与"空虚"都是同一个意思,同一种状态,同一种境界,而所谓的"空间性"难道不正是维克多·弗兰克尔所说的"有一片空间"吗?至于"婴儿""天真"和"空虚"这些词语不正是乔布斯所说的"初心"的另一种表达形式吗?世界上最难的事情之一,就是单纯地去看一件事情,毫不扭曲。

可是由于认知粘连,我们的心智总是太复杂,早就失去了单纯的特质。我们曾经拥有的经历和知识固化在心中,已经使头脑变得僵化和陈腐,陈腐的头脑永远停留在过去,无法看清现在。唯有变得"空虚""天真",变成"婴儿",不再沉溺在过去的记忆、经历和知识中,我们才能活在当下,看见事情的真相。

克里希那穆提在《重新认识你自己》一书中说:"你必须每天都能死于一切已知的创伤、荣辱以及自制的意象和所有的经验,你才能从已知中解脱。每天都大死一番,脑细胞才会变得清新、年轻而单纯。"

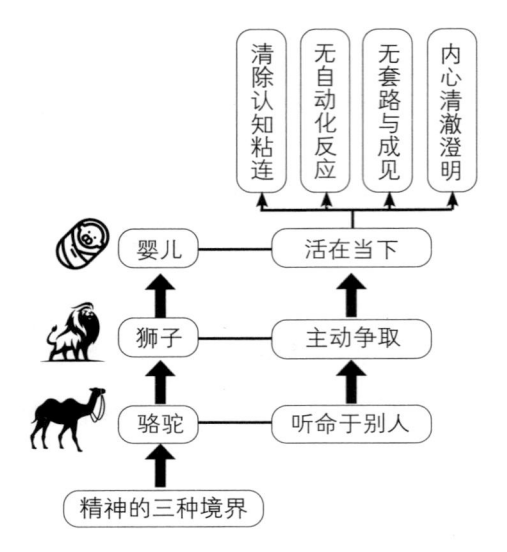

精神的三种境界：骆驼、狮子和婴儿

通过自我觉察，摆脱匆忙症

患上匆忙症的人就像被施了魔咒，行色匆匆，从早到晚身不由己地忙碌着，他们对事情的反应很机械、夸张，心理僵硬、缺乏弹性，与曾经的自己判若两人。

那么，如何才能破解匆忙症的魔咒呢？

倒着演奏魔曲让神志清醒

曾经有一个广为流传的故事，在几世纪以前，一个人不幸对一支歌曲着了魔，终日颠三倒四，语无伦次。驱魔人见了则告诉他，为了摆脱这首音乐的魔咒，他必须将乐曲倒着演奏一遍，着魔的人照做了，最终神志清醒，成功破解魔咒。

这个传说蕴藏的心理学道理十分深远。首先，不管是匆忙症、拖延症，还是焦虑症，在很大程度上就像中了邪、着了魔，身不由己，饱受摧残。其次，要摆脱心理折磨，我们必须沿着所来的那条路倒着走回去，回到原点。在精神分析心理学中，心理咨询不是向前看，而是倒着往回走，回到之前的生活逆境、童年时期的困境、原生家庭，以及记忆深处的伤害，然后才能予以清除。在认知心理学中，倒着走回去，就是回到内心不易察觉的想法，矫正内心隐性的认知。随着认知心理学第二和第三次浪潮，人们倒着往回走的脚步越来越深入。在倒着往回走的过程中，精神分析心理学运用的方法是回忆和分析，认知心理学用的则是自我觉察，最终殊途同归。

这就好比面对被污染的河流，我们该怎么办呢？我们需要做的不是从河水中清除污染，而是要到达河流的上游，找出这些污染河水的罪魁祸首。

自我觉察的调酒师

张超是上海一家酒吧里的调酒师，他从事这项工作很多年了，但调酒技术一直很平平。顾客的反映是，他调的酒说不上坏，但也说不上好，总感觉缺少了一些味道。后来，一次偶然的机会，他阅读到一本自我觉察的书后，才恍然大悟。

过去张超在调酒的时候，总是不在状态，心猿意马，老是忍不住盯着那些来酒吧喝酒的年轻漂亮的女子，尽管他很努力，但注意力却始终不能停留在当下，不是想着老板什么时候发工资，就是想着用什么办法约那些女子出去看电影。后来，他决定改变。

当他把自我觉察运用到调酒的工作中时，几乎是突然之间，曾经枯燥的工作变得生动起来。看着琳琅满目的酒水，他就像是第一次接触一样，那些光滑的酒瓶摸上去是那么温润，酒瓶中的液体在灯光下晶莹剔透。打开酒瓶，一股浓浓的酒香扑面而来，令他陶醉。他集中注意力，仔细观察着自己的每一个动作，他用手去触摸酒瓶和酒杯，用眼睛去观察酒的颜色，以及它们在酒杯中的变化，用鼻子去闻酒的香气，用耳朵去听酒倒进杯子的声音，最后他将调好的酒放到唇边，屏住呼吸，用所有的心智去感受。

张超说："那怡人的香醇是我从来没有品尝过的，杯子中的鸡尾酒欢笑着流进我的喉咙，我很惊讶那酒的味道，一种喜悦涌上心头。"从那以后，张超的调酒技艺突飞猛进，不仅成为赫赫有名的调酒师，也具有了极强的人格魅力。过去他总是被美女吸引，而现在美女总是被他吸引。

自我觉察可以让我们停下匆忙的脚步，回到当下，回到手头上的工作，当我们与事物深刻接触之后，也就释放出了自己的潜能，以及人性的光亮。

自我觉察对大脑影响深远

自我觉察，是指觉察当下所发现的一切，包括自己的行为、生理状态、情绪和想法，最关键的是不做任何取舍和评判，仅仅留意眼前正在发生的事情。在自我觉察中，我们既是一个观察者，也把自己作为一个观察的对象，我们观察、注视和检查周围正在发生的事情，包括自己内心的状态。这时，我们是细心的科学家，而不是严峻的法官，我们不评判、不议论，接纳一切，以客观公正的态度审视内心，深入洞察那些自动化的反应模式，逐渐清除粘连。

越来越多的研究证实，自我觉察可以改变人类的大脑结构，让神经可塑性朝着积极的方向迈进。美国威斯康星麦迪逊大学的理查德·戴维森教授发现，每天1小时的自我觉察，持续8周之后，会给大脑带来积极的永久性的改变。戴维森博士选择了41名因匆忙而疲惫不堪的人，将他们分为两组，一组25人进行自我觉察，而另外16名则没有进行自我觉察。4个月之后，进行自我觉察的人大脑左侧前额叶明显增厚，他们充满活力，而对照组的人前额叶却没有任何变化，他们依然感到压力重重，精疲力竭。左侧前额叶负责正能量和情绪调节，这个地方越发达，心理学家维克多·弗兰克尔所说的"那一片空间"就越宽广。自我觉察对大脑的影响如此深远，所以有人将它比喻为无麻醉、无痛感的脑科手术。

与此同时，哈佛大学医学院的莎拉·拉泽尔教授利用核磁共振成像技术发现，长期进行自我觉察练习的人除了前额叶增厚之外，脑岛也会随之增厚。脑岛负责注意力、体内觉知力，以及共情能力，是情商的源泉。

这些令人欣喜的研究，一次又一次地证明了自我觉察可以改变大脑中的神经网络，让我们的内心更和谐，心理更具弹性，认知和社会适应能力更强。

自我觉察并不像许多人想的那么困难、无聊和枯燥，实际上，它与我们的生活和工作须臾不离。克里希拉穆提说："如果你学着观察自己，观察自己走路的姿态，吃东西的方式，谈话的内容，如何闲聊、憎恨、嫉妒等，如果你能觉察这所有的一切，而不加拣择，那就是自我觉察。"

例如，你正在秋天布满落叶的小径上散步，你听见秋风吹动着树叶"沙沙"作响，感觉到脚下的积叶柔软而舒适；看着那些翻卷的落叶，也许你还会觉察到内心有一丝伤感。当然，你也可以觉察到自己的呼吸和心跳，感觉到胸膛随着呼吸而起伏，甚至觉察到自己下意识的行为，比如情不自禁唱起忧伤的歌。这种不评价、不拣择，只感知的方式，就是自我觉察。自我觉察将注意力放在当下的"感知"流动上，让每一刻都变得灵动鲜活起来。

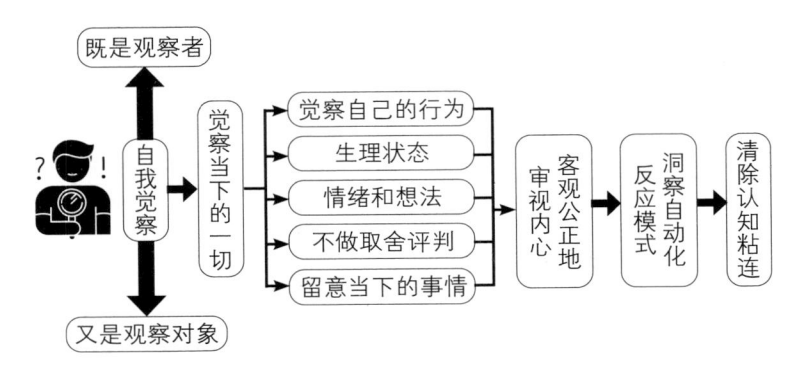

自我觉察对大脑影响深远

关联内心，叫醒自己，摆脱匆忙症

感知心中那片瓦尔登湖

1837年，美国作家梭罗从哈佛大学毕业，回到自己的家乡马萨诸塞州的康科德镇做中学教员，成为匆忙的教职工。后来，梭罗还与他的兄弟约翰共同管理康科德镇的一所私立学校，变得更加忙碌了。

1842年，梭罗的兄弟约翰突然死于破伤风，梭罗才发现生命是那么脆弱。他开始思考，自己忙忙碌碌到底为了什么，自己的内心到底需要什么。

1845年，梭罗在自己家乡的瓦尔登湖畔搭建了一间小木屋，并独自生活了两年。那段时间，他自耕自食，体验了简朴和接近自然的生活方式，同时写出了长篇散文、超验主义经典作品——《瓦尔登湖》。

梭罗独居瓦尔登湖畔，使自己的内心安静下来，他认真观察湖泊的细微变化，仔细追踪草木虫鱼的日常，倾听鸟雀的鸣叫，或者坐在门口，注视夕阳西下，在未经干扰的孤独与寂寞中，在不评价、不拣择的感知世界中，他叫醒自己，展开了完整的生命之旅。

其实，每个人心里都有自己的一片瓦尔登湖，那里才是让自己心安、让自己宁静的港湾，不再为人世间各种比较、各种焦虑、各种灾难性想法而奔忙。

在《瓦尔登湖》一书的末尾，他动情地说："唯我们觉醒之时，方是黎明。"

可见，梭罗通过自我觉察，才创作出伟大的非虚构作品。自我觉察是开放地专注，是深情地凝视当下，与真实的自我同行。

自我觉察是叫醒自己，要做真正的自己，而它的反面则是心智的沉睡、混沌和模糊。譬如——

- 刚刚向你介绍过某人，你转身就忘记了他的名字。
- 与别人交谈时，对方的话还没说完，你已经想好接下来该说什么了。
- 走进厨房，却忘了进来是为了做什么。
- 不知不觉吃了很多食物，撑得肠胃极不舒服。
- 困在堵塞的交通中时，为迟到而焦躁。
- 在高速公路上开车走了一个小时，却几乎不记得任何细节。

显而易见，上面这些也都是匆忙症的症状。

匆忙症对自己所做、所想和所感毫无觉察，每天不是被干扰，就是在魂不守舍和云里雾里中度过，从来没有觉察到大脑如此忙碌：前一秒还在回忆童年，一眨眼又想起昨天还有一件事没办完，紧接着，念头旋即又奔向未来，譬如想到十一假期快到了，应该好好筹划一番。大脑中的念头不断闪现，无穷无尽，犹如一望无垠的海洋，在漫无目的的漂浮中，我们与外界失联，与当下的感受失联，与内心最深刻的部分失联。

容易感到疲乏的王秀英

王秀英向朋友抱怨说，她每天做的事情不多，却总感到很累，一回家就倒在沙发上，疲惫不堪。她怀疑自己得了什么疾病，到医院做了详细检查，结果什么事也没有。虽然松了口气，但她依然容易感到疲乏。

王秀英是一位银行的柜员，最近银行要推行数字化管理与服务，她感觉自己的工作有保不住的风险。

"你是不是想得太多，耗费了精神？"朋友问。

"没有呀，我只是觉得自己比以前更聪明了。"

朋友沉默了一会儿，仔细想她说的"聪明"究竟是什么意思。过去，朋友在与别人交流时，常常容易产生误会。为了尽量避免误会，现在他经常会打破砂锅问到底，不厌其烦地询问对方时间、地点、人物，以及想法、情绪和行为，直到弄清楚对方说的究竟是什么。

"你说的'聪明'是什么意思呢？"朋友追问。

"就是脑子转得很快，反应很快！"她回答。

她说得没错，"反应快"是"聪明"的特征之一，但朋友还是无法确定她所说的"反应快"是指什么。

她说："你真烦，反应快就是反应快，还有什么别的意思！"

"你说的'反应快'是不是指你从一个念头跳到另一个念头的速度，脑子快速运转，一刻也不停止，但都是关于过去和未来的。"

"对，对，对，就是那样！"她连忙点头称是。

朋友终于明白她所说的"聪明"与他理解的"聪明"不是一回事情，她所说的"聪明"是在过去和未来之间来回穿梭，是脱离当下后的空转，是生命在打滑，即心理学上所说的"思维奔逸"。在大脑的快速空转中，即使没有做多少事情，也会消耗大量精力，这或许是她容易疲劳的原因之一。

过去的事情是自己的编年史，未来的事情是凭空的预测，不断在过去和未来之间穿越，当下的时光就会不知不觉在指缝间偷偷溜走，结果顾此失彼，连手头的工作也没有做好，这或许是她容易疲劳的又一个原因。

真实的自我不在过去，不在未来，而在现在。

认知心理学第三浪潮的代表人物乔·卡巴金博士说，要与真实的自我连上线，就要停留在此时此刻的感受中，尊重这些感受，让它们充分渗入我们，真实的自我便会出现。美国作家尼尔·唐纳德·沃尔什在《与神对话》中说，感受是灵魂的语言，你最高的真实便隐藏在你最深的感受里。

所以，感知当下，必然会给内心带来深刻的改变。

后来，王秀英经过别人的推荐开始练瑜伽，每天都神清气爽，精神饱满。朋友对瑜伽不是太了解，但对她的变化却十分惊喜，于是想一探究竟。

"你在做瑜伽动作时，想什么吗？"朋友问。

"什么都不想，只是做伸展动作。"她说。

"你有没有觉得自己的反应变慢了呢？或者说变得不再像从前那么'聪明'了呢？"朋友继续问。

"我哪有时间想那么多，全部注意力都集中在身体动作上了。"

她的回答似乎让朋友明白了什么，当她将所有注意力集中到瑜伽动作上时，实际上她就停留在了此时此刻，不再活在过去和未来。

或许可以这样说，瑜伽是一种独特的自我觉察的方式，它能打开沉睡、混沌的身体，并让心灵释放出生命的活力。

由内而外击碎匆忙症，让真我重新绽放

焦躁不安的王健

30多岁的王健是一名电脑工程师，每次遇到交通堵塞时，他都会焦躁不安，并使劲按喇叭。

后来，心理咨询师通过引导他学习了自我觉察。学习自我觉察后，他观察自己究竟是如何走到这一步的，他从不断鸣笛那一刻入手，倒着往回走。

首先，他观察到鸣笛时，他的行为反应：双手紧紧抓住方向盘，极具攻击性，不时爆粗口。同时，他观察到自己的生理反应：心率加快、呼吸急促、血液涌向四肢、身体僵硬。紧接着，他观察到这些行为和生理反应来源于一种愤怒的情绪。随后，他觉察到自己内心的情绪十分复杂，有很多层，表层漂浮着愤怒，而愤怒下面隐藏着紧张、焦虑和担心。当他试着去感受这些情绪，而不是试图评价或阻止它们时，他又观察到更深一层的情绪——悲伤。

随着观察的深入，王健终于来到了愤怒的发源地，看到了内心深处藏匿的悲伤，是悲伤引发了他的愤怒。

王健的悲伤源自童年，来自他那个酗酒的父亲。父亲肆无忌惮地打击他、贬损他，他的童年毫无尊严。

愤怒是一种尖锐的情绪，具有强烈的攻击性、自卫性。感受到受伤，就会用愤怒来还击。每一个易怒的人格都有很多悲伤的故事，当这些故事一次次发生，坚硬的伤疤将悲伤封存，从此之后，悲伤就很难被感受到，即使感受到，也是昙花一现，旋即便被巨大的愤怒淹没。

我们不想再感受到悲伤，所以需要经常愤怒。这是一种本能的心理防卫机制。虽然这种心理防卫机制可以避免遭受伤害，但它保护的往往是可怜的、自卑的自我。在这种保护中，人失去了与内心的联系，变得越来越脆弱，也越来越容易愤怒。

当王健通过自我觉察，感受到内心的悲伤时，他说："那种感受如此痛苦，如针扎一般，但我不想再用愤怒来掩护，当我鼓起勇气去感受悲伤时，发现那简直是一种释放，一种解脱，一种精神上的自由。"

匆忙症患者需要像王健那样通过自我觉察，倒着回去寻找当下情绪的根源，找到内心的症结，才能击碎内心的顽石，做出由内而外的改变。

通过自我觉察活出最真实的自己

前面章节曾经说过,在生活和工作中,人们经常采取两种模式:做事模式和做人模式。

做事模式是将注意力锁定外面的世界,关注做事的细节、过程和结果。做人模式是探索内心世界,觉察自己的想法、情绪和欲望。卡巴金教授将前者称为"作为",即你正在做什么,而将后者称为"成为",即你正在成为什么。

"作为"这个词含有积极追逐,渴望有所作为的意思。克里希拉穆提说:"一个人如果总想获取或达成一些什么,这种拼命奋斗的态度,对我来说就是人生最大的绊脚石。"因为你正在做,或正在追逐的事情,很可能并不是你生命本身的渴望,而是受到攀比心理、虚荣心,以及其他原因的驱使,很容易陷入"作为"的陷阱。

"成为"这个词含有"存在"和"成长"的意思,意味着你正在做的事情,是基于你的"存在",从你的心中自然而然"长"出来的,你不用追逐外在的目标,因为"存在"和"成长"本身就是你的目标。

在"作为"模式中,人们忙忙碌碌,无知无觉,当局者迷,不知道自己正在做什么,或者为什么要这样做,只有等做完这件事,或者事情过去很多年,才真正明白自己当初的动机。这种情况很常见,譬如我们很难在 20 岁时理解 20 岁,只有等到20岁过去，站在30岁或者40岁的高度，才能将20岁的事情看清楚。

同时，由于"作为"模式将大量精力集中在外面的事情上，调动的是刺激驱动型注意力，与内心的联系十分肤浅。在浅层次的紧张、浮躁和焦虑之中，我们听不见内心深处的鼓点，自然踩不住命运的节奏，从而导致两个认知扭曲：

总觉得与这个世界不合拍，无法安全地站稳身子，只能不停地摆动身躯，调整姿势，不停地忙碌，才不至于倒下；

总觉得生不逢时，来到这个世界不是太早，就是太晚，无法在生活中找到自己的位置。

"成为"模式之所以高级，是因为它以自己的"存在"为核心，触及生命内部的诸多层面，能够在此时此刻觉醒，听见内心的鼓点。也就是说，你在做一件事情时，知道自己为什么要这么做，你做的每一件事都是按照内心的鼓点，将生命尽情展开。

在"作为"模式中，人们很容易陷入迷失和匆忙：一方面忙得不可开交，一方面却感到空虚和孤独。美国亿万富翁霍华德·休斯在"作为"模式中，忙活了一辈子，临终前才发现自己没有归属感，可怜、孤独，而又绝望。

在"成为"模式中，以自己的"存在"为核心，意味着你做的每一件事情，都是从你的"存在"中流出来的。你做这些事情，仅仅是因为你发自内心地喜欢，而不是出于攀比和虚荣，而这些事情又证明了你的"存在"。

在"作为"模式中，你做的事情高于一切。

在"成为"模式中，你的"存在"高于一切。

在"作为"模式中，你通过匆忙，将注意力导向外面的世界。

在"成为"模式中，你通过自我觉察，将浇灌出生命的花开。

爱因斯坦曾说过："在同一个层面出现的问题，不能在同一个层面解决，只能在高于它的层面解决。"匆忙症会带来很多问题，诸如迷失、分心、与内心脱节、疲劳、失眠、精神倦怠。但匆忙带来的问题，不可能在匆忙中解决，只能在高于它的层面中解决。这个高于它的层面，就是自我觉察。

自我觉察，不是觉察内心的某一部分，而是自己的全部，包括阳光的想法和情绪，也包括内心中最"阴暗"的那一部分。

尼采说："其实人跟树一样，越是向往高处的阳光，它的根就越要伸向黑暗的地底。"

完整的生命有"阳光"的一部分，也有"黑暗"的一部分，不能任意切割，挑选一部分，扔掉一部分，所有这些"阳光"和"黑暗"的感受集合在一起，才构成生命。

自我觉察最重要的技术，就是不评价、不排斥、不执着、不阻碍，只单纯地去感受自己的感受，让一切想法和所有的感受畅通无阻地从你的身体中流过，从你的心灵中流过。当你完整地体验过这些之后，你将体会到一种从未有过的自由感、通透感、深入感、完整感，以及充实感，也将更深刻地理解心理学家罗杰斯的那句名言："自我，是一切感受的总和。"

在自我觉察中，你不用改变什么，但一切都已改变。

匆忙症抑制感受的自由，割裂内心的完整，限制自我的疆域，是生命中最大的负资产之一。

自我觉察，是活在当下的艺术，了解自己的技术，可以让我们与内心最深沉的那一部分保持联系，帮助我们从混沌、无知无觉的匆忙状态中抽身而出。

学会自我觉察，我们将破除思维的僵化、自我的封闭、行为的机械，心理将更具弹性和韧性，因为自我觉察可以通过神经可塑性，改变大脑的神经连接，升级生命的操作系统。

在新的操作系统中，我们真正的生命、我们的愿望、我们的野性、我们的潜能、我们的智慧、我们的人性、我们的创造力，将完整地、全面地喷涌而出。

我们将活出最彻底、最纯粹、最真实的自己。